知识就在得到

研究的方法

[美]墨磊宁
(Thomas S. Mullaney)
[加]雷勤风
(Christopher Rea)
著

叶塑 —— 译

新星出版社　NEW STAR PRESS

Where Research Begins: Choosing a Research Project that Matters to You (and the World) by Thomas S. Mullaney and Christopher Rea
Copyright © 2022 by Thomas S. Mullaney and Christopher Rea.
Licensed by The University of Chicago Press, Chicago, Illinois, U.S.A.
Simplified Chinese edition copyright:
2023 Beijing Logicreation Information & Technology Co., Ltd.
All rights reserved.

著作版权合同登记号：01-2023-4904

图书在版编目（CIP）数据

研究的方法 /（美）墨磊宁,（加）雷勤风著；叶塑译 . -- 北京：新星出版社, 2023.9
（2024.2 重印）
ISBN 978-7-5133-5314-4

Ⅰ.①研… Ⅱ.①墨… ②雷… ③叶… Ⅲ.①研究方法 Ⅳ.① G312

中国国家版本馆 CIP 数据核字 (2023) 第 175527 号

研究的方法

〔美〕墨磊宁　〔加〕雷勤风　著；叶　塑　译

责任编辑	白华召		封面设计	周　跃
策划编辑	张慧哲　翁慕涵		版式设计	别境 lab
营销编辑	陈宵晗　chenxiaohan@luojilab.com		责任印制	李珊珊
	许　晶　xujing@luojilab.com			
	张羽彤　zhangyutong@luojilab.com			

出 版 人　马汝军
出版发行　新星出版社
　　　　　（北京市西城区车公庄大街丙 3 号楼 8001　100044）
网　　址　www.newstarpress.com
法律顾问　北京市岳成律师事务所
印　　刷　北京盛通印刷股份有限公司
开　　本　635mm×965mm　1/16
印　　张　19.25
字　　数　192 千字
版　　次　2023 年 9 月第 1 版　2024 年 2 月第 2 次印刷
书　　号　ISBN 978-7-5133-5314-4
定　　价　69.00 元

版权专有，侵权必究；如有质量问题，请与发行公司联系。
发行公司：400-0526000　总机：010-88310888　传真：010-65270449

来自国内外各领域研究者的推荐

　　研究者是孤独的旅行者，内心惶惑，不知道朝哪里迈出第一步，《研究的方法》此时是路书，提供最初也最宝贵的建议。研究者是孩童，靠好奇和乐趣行事，《研究的方法》就是那几条必要的安全护栏。研究者也可能是国王，唯我独尊，独断专行，《研究的方法》此时会成为称手的权杖，把决策意志转换为清晰响亮的命令，将命令推行到思考领地的尽头和各个角落。

——贾行家　作家，《文化参考》主理人

　　本书开篇便直击痛点："研究中最具挑战性的部分其实是开始之前的那个部分。"这是来自二十余年教学经验的肺腑之言。比起按部就班地讲授研究步骤，更难以言传却又至关重要的问题是：研究从何开始，如何启动？两位作者没有输出什么万能模板，反倒化身循循善诱的"陪练员"，引导读者去伪存真，回归自我，释放创造力的无限可能。实用方法与研究哲学，原创性研究与更自由的灵魂，竟能如此完美合一。

——李静　当代文学研究者，中国艺术研究院副研究员

　　做研究最难的，不是回答问题，而是提出问题。找到属于自己、又对他人重要的题目，既是研究的开始，也是贯穿全程的核心动力。《研究的方法》以易懂的语言和鲜活的例子，展示了"找题目"的操作路径：找题目时要不断"搜索自己"，追问自己为何对想研究的事感兴趣；也要不断"调教"直觉，让题目能写下去，能与同行开展对话，能为别人提供新知。无论是对论文选题阶段茫然的研究生，还是对指导研究生时挠头的导师来说，这都是一本必读

书。具有经验的研究者，乃至任何从事研究性工作的人，也可从中获得新的启发。

——刘晗　清华大学法学院长聘副教授、博士生导师

中国圣贤素来告诫知识人，人之患好为人师。即便是师生，为师也很少从方法论入手。往好上说是谦逊，是教学相长；往不好上说，就是不愿将金针度与人，只教知识，不谈方法。因而中国知识人代代相传，即便获得了很大成就，也很少有方法上的自觉。这本斯坦福教授与不列颠哥伦比亚教授合著的《研究的方法》不像中国老师那样含蓄，而是直奔主题，告诉读者如何选择题目，如何确定问题，如何搜集资料，如何确立自己将要攻克的难点，如何优美表达，如何超越自己、超越前贤。

——马勇　中国社科院近代史所研究员

学术研究自然离不开方法。许多方法来自自悟，不是干枯的教条。倘若体味到了悟的甘苦，也就明白了方法的内蕴。这本书主张"成为一个以自我为中心的研究者"，回到主体世界里建立问题意识，有诸多良好的建议。看看别人如何面对难题，并拓展出思想的新径，对于我们摆脱惯性思维，不无益处。

——孙郁　北京鲁迅博物馆原馆长、中国人民大学文学院原院长、教授

对于研究者来说，方法只是一种工具，而不能成为主义甚至信仰。好的方法不能以速成为目标，人文社科的研究如要追求快和省，就会牺牲好，也无法成就长期主义的多。让本书在众多方法教义中独树一帜的是，作者没有用虚假疗效来洗脑，而是直面学术研究过程中的痛和乐。全书写到最后一章，才进入"如何开始"——整本书带领读者走过研究过程的山重水复，领略学术道路的柳暗花明，打开写论文这个规定动作之前的漫长学术季节。在当前绩效为

王的考核文化中,"以自我为中心",是对下一代学者最诚恳的劝诫。读完本书后,我们会懂得,好的学术极难,但也极值得,在我们完成研究的同时,研究也在成就我们。

——田雷　华东师范大学法学院教授,雅理出版主理人

这本书的出版真是太及时了,或者说如果能再早几年出版就更好了。因为它确实是做研究的人,尤其是在读的大学生、研究生和博士生们的刚需。过去市面上的同类书籍大多是讲"研究的写法",而这本书是系统地把"怎么从 0 开始做研究的心法"掰开揉碎给你看。从自己感兴趣的"话题",到"调教"出一组好问题,再到挖掘出问题背后的"难题",最终获得理想的"研究项目"(也就是好选题),层层递进,既讲原理又给方法,为老师和学生们做研究、写论文提供了极富启发且切实可行的研究路径,强烈推荐。

——王立铭　深圳湾实验室资深研究员

既讲实操方法论又讲态度大局观,教方法更注重视野,把"如何确定研究问题"讲透彻了也讲落地了,并进一步指导你如何正确认识和对待自己所处的领域。本书不仅适用于研究生,也能对申请项目基金、申报研究项目等应用场景有所助益,是高校学生、科研人员、管理人员及相关工作从业者方便实用的必读指南。

——邢姝　北京理工大学管理与经济实验教学中心实验教师

本书采取了一种"傻瓜"式的自我记录方法,帮助你找到对自己和他人都重要的研究项目。我相信,还在被选题困扰或者研究热情正在消失殆尽的任何阶段的研究者,都会发现这本书很有帮助,因为我也在(且将持续)经历这一过程。

——徐军　清华大学科学技术史专业在读博士

看完这本书非常震惊，完全超乎我的意料。本以为是讲开启科学研究课题之后的内容，没想到是回到最开端，如何寻找一个让自己最感兴趣、最激动人心也对社会最有意义的研究项目。这真是一个特别让人震动的课题：有多少好答案，在等待一个好问题。这本书适合所有在中国一路求学考试成长起来的孩子们，以及培养孩子的老师们。希望每个研究者都了解书里的真知灼见：永远追求内心最深的所思所感，通过研究自己内心的难题来寻找自己。愿所有人"今日方知我是我"。

——徐瑞丹　北京大学生命科学学院助理研究员

正为留学生毕业论文选题发愁的时候，我收到了《研究的方法》试读本。刚开始不知道是谁寄的，我还想，难道是我肚子里的蛔虫吗？怎么会有人知道我有这个需求？看完以后，觉得这本书简直就是及时雨啊，不管是学生还是老师，不管是中国人还是外国留学生，想要做研究、写论文的，赶紧都去读一下吧。

——阎俊霖　广西大学对外汉语专业专任教师

这本书并非一般意义上的研究指南，两位作者合力搭建的"以自我为中心"的研究模式，对今日以外在标准为导向的中国学界有补偏救弊的意义。对初入门者而言，这本书能帮你逐步克服对写作的恐惧，把学术研究变为自我探寻的冒险之旅。成熟的学者或许也能从中找回因过于老练的研究技巧而丢失的那份初心。当我们从"做什么""怎么做"的功利之途，退回到"为何要做"的起点上，会更认同作者所说的：学术研究的激情不应依赖外在的肯定，而源于找到那个让你心跳加速、让你迷惑不安、和你生命体验相呼应的难题，进而把它发展为更多人关心的研究项目。

——袁一丹　首都师范大学文学院副教授

对于创造性的研究工作，自主动机要比他主动机更有效，因为世界更需要一个以你为中心的解释。本书为研究者提供了切实可行的选题和写作方法：先向内探索，成为以自我为中心的研究者；再向外拓展，超越自我。读来受益匪浅。

——赵亮　浙江大学医学院附属儿童医院特聘副研究员

关于研究"如何开始"，这是我读过的最好的书之一。大多数讲研究方法的书籍都跳过了这一步。我迫不及待地想在指导和教学中使用它。

——Claire Ma　宾夕法尼亚大学政治学在读博士

这是一本超级有用的书，对各个层次的人都很有帮助。书中讨论了如何设计一个有效的项目，包括如何开始写作，如何对你的研究问题进行测试。阅读它是一个非常愉快的过程。

——Ian Johnson　普利策奖得主，作家、记者

非常适合用来教学的一本书——这个秋季学期我就会安排下去。

——Jeffrey Wasserstrom　加州大学欧文分校校长教授

这是很多学者和学生都需要进行更多关注的一个重要话题。

——Robert Campbell　卡普顿大学香农商学院

这是一本我们期盼已久的著作：如果你即将开始一个新的研究项目，却始终无法确定研究的主题，那么对你来说，这就是一份实用、有益，并且令你安心的指南。墨磊宁和雷勤风用清晰、幽默和共情的语言，一步步引导你，让你明白你感兴趣的是什么，为什么，以及如何解决你所定义的那个难题。《研究的方法》一书

既可以用来指导以研究为中心的相关课程，也可以帮助普通读者找到内心深处的自我。

——Sarah Maza 美国西北大学教授

  成绩优异的学生——那些接受指导或进行独立研究的学生，写本科论文的学生，申请知名奖学金和奖项的学生，以及攻读研究生学位的学生——之所以成绩优异，往往是因为他们善于服从指示和取悦他人。但是，仅仅按照指示去做能够产生变革性的研究吗？要成为有所成就的学者，学生需要真正的好奇心和相关的研究技能，以及对难题的全身心投入。只有找到内心深处真正的难题，才有可能做出令人信服的研究。

  《研究的方法》就像一本工作手册，两位作者将引导读者通过一系列练习，找到一个有意义的研究项目。对于学生和他们的老师，这本书具有同样的价值。它不是一本浏览一遍就会放回书架的书，而是需要你持续反思并记录你一路上的发现。通过阅读这本书，你将学会批判性地评估你的兴趣，明智地区分话题和问题，动态地理解资源，有效地利用网络，敏锐地联系你的领域，并最终慷慨地分享你对这个过程的理解。我们需要更多这样的书：它们将揭开所有值得追求的研究背后激烈的智力活动和反复的实践。

——Steven E. Gump 普林斯顿大学奖学金申请辅导办公室副主任

（按推荐人姓名首字母排序）

目录 CONTENTS

推荐序　做研究和做研究者　　001

导读　　1
以自我为中心的研究：一份宣言　　5
以自我为中心的研究是最好的研究　　7
如何使用本书　　10
先向内探索，后向外扩展　　15
试试看：就在这里写，现在就写　　17

PART ONE 上篇

成为一个以自我为中心的研究者　　20

第一章　关于问题　　25
话题不是问题　　27
试试看：搜索自己　　36
试试看：让"无聊"成为你的指引　　45
试试看：从小处着眼　　50
智囊团：开始构建你的研究网络　　56

你有问题了	58

第二章　从问题到难题　59

不要急于确定问题（否则你会错过你的难题）	62
对你的问题进行压力测试	64
试试看：对你的问题进行诊断测试	66
试试看：使用原始资料来"调教"你的问题	73
试试看：让你的假设浮出水面	84
试试看：识别串联你问题的难题	91
智囊团：请人帮助寻找原始资料	94
你有一个难题	95

第三章　设计一个可行的项目　97

原始资料及其使用方法（或阅读麦片盒的50种方法）	99
试试看：把你的原始资料当作一个麦片盒	108
试试看：想象你的原始资料	112
连点成线：从资料到论点	119
资料无法为自己辩护	124
试试看：用你的资料连点成线（用铅笔）	130
评估你的研究资源	134
试试看：决策矩阵	137
智囊团：你的决策矩阵完整吗？	141
两种备选方案	142
情境1：相同的难题，不同的案例	142
情境2：同样的话题，不同的项目	145

工欲善其事，必先利其器	147
试试看："不劳而获"（撰写正式的研究提案）	152
智囊团：将你的提案分享给值得信任的导师	
（他们知道这只是一份初稿）	162
你做好启动项目的准备了	163

PART TWO 下篇

超越自我 164

第四章 如何找到你的难题集群 171

找到与你有相同难题的研究者	173
试试看：改动一个变量	178
试试看：前后章游戏	190
试试看：绘制你的集群图谱（搜索你的二手资料）	197
为你的集群而重写	202
试试看：查找并替换所有"内部语言"	207
智囊团：我的外行版本是否简单易懂？	212
欢迎来到你的集群	213

第五章 如何畅游于你的领域 215

发掘领域中的难题	220
读懂你领域中的难题：重新构想"文献综述"	221
试试看：创建你自己的"难题书店"	
（也就是将你的领域组织成不同的难题集群）	226
试试看：改动他们的变量	233
试试看：为你的领域而重写	240

智囊团：在你的领域里寻找智囊团	245
欢迎来到你的领域	246

第六章　如何开始　247

别担心，一切都是写作	251
试试看：创建"第0稿"	256
厘清你的初衷：创建第一稿	260
试试看：从0到1	263
不完美，才美	268
智囊团：和自己对谈	270
欢迎来到以自我为中心的研究	272

研究之旅的下一站在哪里？　273

试试看：寻找新难题，开启新项目	276
试试看：帮助别人	280

致谢	285
延伸阅读	286

推荐序
做研究和做研究者

万维钢

你想不想做个"研究者"?你不一定非得在学术界,现在各行各业都需要人搞研究,研究能力是一种很稀缺的能力。但我说的也不是把研究仅仅作为一项技能或者一份养家糊口的工作,而是把"研究者"作为你的一个身份认同。

研究者是现代社会最酷的身份之一,因为你要探索未知,你要生产知识。当人们发生争论的时候,他们会重点参考你的结论。你的名字可能会跟一个新发现一起被人记住。这不比在某个小单位拥有一点小权力、吃过很多美食、去过很多地方旅游高级多了吗?

我是从读书开蒙那时候起就打定主意做个研究者,但我是当上研究者之后才学会了做研究。酷的职业就是这样,它自带入门吸引力,然后需要你不断修行才能真正掌握其中的门道,正如你只有先成为足球运动员才能学会踢球。

那到底怎么做研究呢？

你手里这本《研究的方法》，就是写给新手的指南。对中国读者来说，这本书的一个有意思之处是两位作者都是专门研究中国历史和文化的海外汉学家：墨磊宁是斯坦福大学历史学教授和古根海姆研究员，雷勤风是不列颠哥伦比亚大学亚洲研究教授。

如你所能想见，这本书说的不是自然科学研究的技术——这里没讲怎么设计实验、推导公式、使用统计方法那些，也没怎么谈论科学方法。此书最初的目标读者是墨磊宁和雷勤风在大学带的学生，他们是未来的人文学科研究者。但是正如两位作者所说，书中"各种观点和各项练习，都可以应用在商业、新闻、艺术、设计、工程、社区建设和创业等各个领域"，可以说是一套通用的攻略。

而在我看来，此书最大的价值还不是它讲出了研究者的成长路线图，而是描绘了一套自内而外的心法。这套心法将决定你研究水平的高度和研究成果的分量，所以对理工科的研究者也很有帮助。

做研究也是一场修行，你得有悟性才行。

你最需要领悟的一个东西，在这本书里叫"难题（problem）"。这个概念在中国学术圈有个更别致的说法，叫"问题意识"。

以我之见，只有抓住问题意识，你做研究才算是开悟了。

墨磊宁和雷勤风这本书最值得赞赏的地方，就是它强调要自内而外，从追问自己的内心出发，去做真正的难题。它的核心指导思想叫作"以自我为中心的研究（Self-Centered Research）"。

前方的路线图大约可以分为五步：话题 → 问题 → 难题 → 项目 → 入圈。

其实这是一套心法而不只是技法。抓住了心法，技法都只不过是细节问题。你可以自己从书中学习技法，我这里重点讲讲心法。

一切的出发点，我以为，可以用哲学家伯特兰·罗素写在他的自传开头的一段话概括：

> 在我的生命中，有三种简单而强烈的激情支配着我：对爱的渴望，对知识的探求，以及对人类苦难难以忍受的怜悯。[1]

这是智识分子的三个驱动，也是我们做研究的动力。这是赤子之心。

因为你渴望爱和被爱，你就要成为一个可爱的人，所以你

---

[1] 这段话的一个流行的翻译版本把 love 译成了"爱情"，结合上下文可知，那是一个错误的译法。

要提升自己。而做研究，恰恰就是扩大自身内核、一边自我发现一边自我实现的好办法。

因为你天生就有好奇心，所以你自动就想要寻求知识。这里有个谜题，大家都不知道答案，这就是你的挑战和召唤。

而人文学者做研究要想做出高水平来，要想抓住问题意识，那就必须有第三个驱动，对人类苦难难以忍受的怜悯。我们为什么非得研究经济学、政治学和社会学这些？因为世界上有人在受苦。这个世界不应该就这样了，我们得研究怎么改变它。

你看这跟中国张载说的"为天地立心，为生民立命，为往圣继绝学，为万世开太平"，是一个意思。这些话听起来有点中二，等你成了真正的研究者之后你应该很不好意思谈论这些，但恰恰是这个赤子之心才能让你做出好研究来。

第一步是"话题（topic）"。话题是设定的研究领域。

想象你是个穿越小说的主角，话题就是你的开场环境设定。你出于一个可能非常偶然的原因穿越到这里，看看周围的人和事都觉得挺新鲜，谈不上喜欢也谈不上不喜欢，但你打算在这里生活一段时间。

比如你上了一门讲信息学的课，你要做个跟信息学有关的研究，这就是话题。话题是个非常宽泛的东西，信息学包罗万象，你该做哪一点研究呢？

这时候先不要急于确定研究项目，也就是你的选题。你都不知道这里是怎么回事儿，怎么做研究？墨磊宁和雷勤风的一个警告是不要陷入"缩小范围陷阱",也就是不要随便选择一个小话题就开干。

你要做的不是缩小范围,而是四处探索。

第二步是"问题(question)"。提问题是你探索的方式。

比如你的话题是"二战"后盟军对德国战犯的纽伦堡审判,为了充分了解这个话题,你需要问很多很多问题——

哪些国家参与了审判?这些国家派谁作为代表出席?这些代表是如何选出来的?他们在审判期间各自的角色是什么?有人拒绝参加吗?谁是评审?

这些问题大多你随便搜索一下就有答案,这些不是研究对象。这是你对知识的探求。这是主角在充分解锁新地图。你问得越多,了解就越多,你就更有可能问出高明的问题来。

问了一大堆问题之后,主角意识到眼前有个大麻烦:自家的家业屡屡受到一个强大对手的打击,生存空间越来越小。主角决心为家族做点事。

这就引出了第三步,"难题(problem)"。

这是全书最不容易理解的一步。

二流研究者写论文和经费申请报告都会例行公事地谈论一番他那个研究项目的"重大意义"。其实你非要说的话,什么项目都可以有重大意义。刚果民主共和国发行邮票的历史也有重大意义,可你感兴趣吗?

难题很可能不是你真正的研究对象,而是你为什么要选那个对象。难题是刺激你孜孜不倦地在这个领域思考的那个东西。

穿越主角被人打压的感觉很不好受。为什么对手的实力那么强，你家的实力那么弱呢？像这样让你不想都不行、百爪挠心的问题，就是你研究的出发点。

咱们中国学者把它称为"问题意识"。这个词最初来自法语"problématique"，中国学者用得比美国人和法国人都顺溜。问题意识的字面含义是一系列问题的集合，研究者用它的意思则是，是什么，让你非得做这些研究的？

华东师范大学的萧延中教授，2018年给研究生开了一门课叫《如何写好一篇学术论文》，其中重点讲了问题意识[1]。他说：

我们所说的"问题意识"通常是在骨子里关涉全局性的某种深度焦虑和切肤感悟。

萧延中举了几个例子：

- "韦伯问题"：为什么资本主义最早发生在欧洲，而不是其他一些地方？
- "钱学森问题"：1949年以后中国为什么罕有培养出国际一流的顶尖人才？
- 林毓生先生说自己一生的研究都是基于这个问题意识：自由主义为什么在中国没能扎下根来？

---

1. 萧延中：《什么是"问题意识"？如何培养"问题意识"？》，https://www.aisixiang.com/data/141644.html，2023年9月4日访问。

这些是无数学者穷尽一生想要回答的问题。你要问一个真懂行的人，可能会把他给问哭的。

问题意识往往都比较大，不适合作为一篇论文的选题。但你的研究项目一定要是某个问题意识的一部分，它才有生命力。

比如你是研究明史的，你的一个选题是"晚明工商业到底有没有资本主义萌芽"，这就非常有意思，因为它明显跟韦伯问题有关系。如果你能证明晚明有资本主义萌芽，那也许资本主义发生在欧洲就只不过是个偶然事件；如果你发现晚明虽然工商业挺发达，但是不能叫资本主义萌芽，那就说明中国跟欧洲可能有一些系统性的差异。像这样的论文发表出来，大家肯定都感兴趣。

对比之下，萧延中讲了一则趣闻，说有个历史系学生的毕业论文选题是"洪秀全究竟有没有胡子"，这似乎就是个没有问题意识的无聊问题。

墨磊宁和雷勤风说"难题"是分散的小问题背后，藏着的一个驱动你研究的深层动力——其实也就是问题意识。

有了问题意识，你的研究才有了根，你才是个立得住的人。

做研究的第四步是确定"研究项目"，也就是选题，这意味着你要找一个有问题意识、别人又没做过，而你恰好又能做的题目。

这里面有很多技巧，但往往跟你掌握了什么材料或者什么工具有关。穿越者首先能给家族做的是开个高技术铁匠铺，因为他前世是学锻造的。为什么沈志华先生是中苏关系史权威？首先是因为他趁着苏联解体买回来一大堆档案。不过那样的机遇太难得，墨磊宁和雷勤风讲了一些一般性的技巧，我就不必细说了。

研究的第五步，我称为"入圈"，也就是你要成为学术共同体的一部分。这意味着你要学会说圈里的语言，谈论圈里感兴趣的东西，做出圈里承认的成果。

最重要的忠告是把做研究当成一个社会化的行为，你得多跟人交流讨论互相启发，不能闭门造车。这不是失去自我，而是扩大自我。用墨磊宁和雷勤风的话说："你的集群帮助你了解自己。你的领域帮助你超越自己。"

总而言之，这是一套供给侧的心法。做研究是件非常主观的事情，是以个人为本的事情。

爱因斯坦研究广义相对论并不是时代呼唤他把引力和加速度统一起来，那纯粹是他自己的主意。研究者不是工具人，不要听人说什么"为了填补国家空白"——就是因为工具人太多我们国家才有那么多空白。不要问世界需要你做什么，要问你想对世界做什么。

不要问怎样做研究，要问怎样做个研究者。

导读

INTRODUCTION

墨磊宁　雷勤风

21世纪初，我们二人还在研究生院就读的时候，被派去教一门关于研究方法论的课程。这门课是我们专业所有本科生的必修课。名义上，它是由一位教授教的，但实际上，所有的教学任务都交到了我俩手中。我们必须从零开始做课程设计，没有人指导我们该怎么做。对我们的唯一要求，就是必须让每一个学生都在学期末完成一份研究提案（research proposal），或者叫开题报告——一份详细计划，列出他们的研究项目（project），也就是课程论文涉及的所有具体问题、将要使用的资源，以及研究成果的潜在影响。

于是我们二人合作编写出了整个学期的教学计划。通过这个计划，学生可以在较短的时间内开启一个完整的研究项目。我们回想了自己做本科生和现在做初级研究员的经历，将所有经验综合成了一张路线图，就像一份"戒烟十二步指南"一样清晰、明确。我们认为它已经涵盖了一切内容：如何处理原始资料（primary sources），如何记笔记，如何创建一份带注释的二手资料（secondary sources）目录，如何提出假设，如何概述论文架构，以及如何总结该研究的预期影响。

只要跟着我们的计划走，每个学生都能写出论文来。

至少我们是这样认为的。

然而，意想不到的事情发生了。课程开始没多久，我们的计划就失控了。每周我俩都会聚在一起交流笔记，在交流时，我们发现了一个令人困扰的问题：尽管我们提供了简单可行的"路线图"，我们的学生却还是被卡住了。单单为了走出车库，他们就已经费尽千辛万苦，更别提去完成我们设计的越野旅行了——我连研究目标都没有，该怎样建立一份资料目录呢？我有一些研究兴趣，但没有研究问题，该怎么提出正确的问题呢？我连研究问题都还没找到，我的问题又该如何产生"影响"呢？我读了一篇资料，觉得挺有趣，但是如何才能由此发展出一个论点呢？

半个学期飞快地过去了，大多数学生都还没找到能令他们感到兴奋的研究想法。每个人的进度都很不理想。没有研究问题，他们怎样才能"深入研究资料"或者"提出假设"呢？如果不知道自己对什么研究有热情，他们怎么可能将热情转化为研究项目呢？

一些学生妥协了，选择了一个他们没什么热情的话题

（topic），然后认真地听从我们的指导。但很明显，他们选择这些话题，只是因为**他们不得不做出选择**。随着截稿日期的临近，我们和学生都越来越焦虑。

其实回过头来看，我们的错误显而易见：我们忘记了，**研究中最具挑战性的部分其实是开始之前的那个部分，也就是在你还不知道自己想问什么问题或者想解决什么难题的那个时候**[1]。**你的研究并不是在你找到核心问题之后才开始的。它在你知道自己要研究什么之前就已经开始了。这是研究最基本的矛盾点，还没有任何指南可以引领你解决这个矛盾。**

这本书是我们经验的结晶——既包括二十余年的教学心得，也包括我们从这些年来的失败中获取的经验。我们一直在努力帮助一群技能完备、积极进取的学生开始他们的研究之旅，却始终未能成功。在这一过程中，我们发现：市面上有许多书为那些已经明确了研究目标的研究者介绍"研究步骤"，却没有一本能帮学生们先弄清楚自己的研究目标究竟是什么。那些书非常娴熟地讲解了综述、写作、修改和引用资料等技巧，并且可以有效地指导年轻学者选择一个合适的研究规模。如果你已经知道了自己的研究方向，它们可以帮你始终行进在正确的轨道上。但是，它们当中没有一本教你在找到研究目标之前该怎么

---

[1] 在本书中，"问题（question）"指的是针对研究提出的具体问题，"难题（problem）"指的是隐藏在研究问题背后的深层谜题，是驱动整个研究的核心点，需注意二者的区别。——译者注（后文脚注如无特殊说明均为译者注）

做，没有一本告诉你该从哪里开始。

  为什么有这么多书指导你该如何做研究，却很少有书帮你弄清该做什么研究呢？原因说起来并不复杂。作者们的假定是，普通人都知道自己的"热情"所在，要做的不过是跟随它而已。在他们的想象中，每一个人都拥有热情，并且能够完全意识到自己的热情。

  我们却对此有不同看法。我们同样相信所有人都拥有热情，但我们并不假定每个人都知道自己的热情所在。我们的某些热情是无法用语言描述的，甚至有些热情我们**完全意识不到**——要么是因为我们对自己还不甚了解，要么是因为我们根本没想到那些特殊的兴趣也能被算作热情。更加令人困扰的是，我们有时候还会错判我们真正的热情所在。这种事儿反复发生的概率，要远超你的想象。毕竟，我们都活在来自外部环境的期待（社会的、文化的、家庭的、现实的和想象的）之中，很容易错把这些期待的一部分甚至全部当成自己内在的欲望。比起学习自我反思或自信的技艺，我们往往选择一种更加便捷的方式：**直接借用他人的热情，并且尽可能地把它们伪装成自己的热情。**

  也就是说，在面临**研究该从哪里开始**的问题时，我们常常转向外部环境，试图寻求外部的认可，让别人来决定我们的议程。然而，**一项研究，其实是从指认我们内心的难题，并想办法解决这个难题开始的**。这就是我们在课程最初忽略掉的东西。虽是无心之失，但我们的确亏欠了学生。如果当时能给他们更多的自我反思时间，他们应该会拥有一段更有意义的研究体验。

二十多年过去了，如今我们二人再次合作，想要弥补从前的过失。这本书，就是我们希望自己早在二十年前就已经教给学生们的课程。我们把本书背后的指导原则称作"**以自我为中心的研究**（Self-Centered Research）"。

以自我为中心的研究：一份宣言

在这本书里，我们倡导一种以自我为中心的研究方法。我们会为你提供各种技巧和调整心态的办法，帮你把关注点放在研究的早期阶段，带你朝着正确的方向开启研究旅程——驶向**你自己**内心深处的那个难题。

那么，以自我为中心的研究究竟是什么样的？为什么需要它？

让我们先对这个短语做一些概念上的解释吧：它是什么，以及它不是什么。

请看下面列出的几点：

1. 作为一种**研究实践**，它强调从**当前的位置**开启你的研究之旅，强调在整个旅途中与你自己（你的本能、好奇心和偏见）保持密切联系的重要性。作为一个"以自我为中心的"研究者，你必须始终立足于自身的需求，不要为了取悦你想象中的外部评价者，而去探索某些话题和问题。

2. 作为一种**研究伦理**，它涉及有意识地坦诚面对并评估自己作为研究者的能力和局限性。它要求研究者始终**以自己为中心**：了解自己是谁，听从并相信自己的直觉（即使这些直觉听起来非常幼稚或者模糊不清），并在研究过程中不断对其进行完善。

3. 作为一种**心态**，它认为你在选择研究议题和研究方向时产生的任何想法、假设和兴趣都是极有价值的。它还认为，作为研究者的你如果能更明确（并更迅速）地了解自己的研究兴趣和动力，就能更明确（并更迅速）地找到一个对你和整个世界都有深刻意义的难题。但与这个难题紧密相关的第一个人必须是你——**研究者自己**。

上面几点厘清了"以自我为中心的研究"是什么，我们接下来谈谈它不是什么。

以自我为中心的研究指的不是将你的自我完全释放（或让其随意膨胀）。以自我为中心指的不是自我沉迷、自我迷恋、自鸣得意、自我消耗、自我放纵、不可自拔或是自私自利。

与以上这些概念完全相反。以自我为中心的研究者是善于自我反思和自我批评的；他们能诚实地探明自己的兴趣、动机和能力；他们思想足够开放，对自己充满自信，乐于评估其他方法的有效性。这意味着，作为以自我为中心的研究者，你要有能力挑战自己已经接受的知识，包括那些你无意识地拥有的观点。

　　以自我为中心的研究也不是自传式的。它指的不是你用论文、报告或著作的形式来讲述自己的生平故事，也不是让你拍一部纪录片，或是画一幅自画像。

　　以自我为中心的研究过程和传统研究过程一样，最终目的是让研究者对周遭世界的某些现象做出基于实证和理论基础的、踏实且有趣的学术研究，并用它来改变**其他人**的思考方式。不过，以自我为中心的研究主张，如果你想找到并解决一个对他人来说真正有意义的难题，那么这个难题必须首先对**你自己**来说是有意义的。

　　换句话说，优秀学术研究的首要前提条件是，你的研究重点不能仅仅是一个暂时的兴趣、一个"不错的想法"，或是外界指派给你的一个任务。

　　我们将带你体验提出问题的整个过程——提出你真正关心的问题——并向你展示如何通过你的热情和努力，把它们变为其他人同样关心的问题。

以自我为中心的研究是最好的研究

　　学术研究如此精彩的原因之一，也是它令人畏惧的原因之一，是理论上来说，你可以研究**任何东西**。

　　但问题是，该从哪里开始呢？

我们的回答是，就从你当前的位置开始，就从现在开始。

本书的核心观点有两个。第一，只要你从一开始就掌握了正确的方法，学术研究便将成为一段改变你人生的经历。第二，开启一个研究最重要的环节，是找到你的中心。做研究不仅是一个解决问题的过程，还是一个挖掘你和其他人都尚未觉察的难题的过程。它是一个发现、分析和创造的过程，不仅能激发出你的动力，还能促使你不断迸发灵感。只有当你在充分信任自己的前提下接触大量资料，并投入一定时间之后，那个深层次的难题才会显现出来。除了你自己，任何人都无法帮你做决定。回答"研究什么"这个问题之前，你得先在镜子前认真地审视自己。

不过，如果只有你自己才能回答"研究什么"，那你为什么还要读这本书呢？

好问题。

我们不会假装书里有一个能够生成研究项目的秘密公式。我们也无法告诉你，你该研究什么。我们能提供的，是可以加速这个生成过程的一些具体技巧，让你通过提问发现潜在的研究问题，最后将它们发展成具体的项目。

所以，这本书的目的是帮助你创造点燃思维之火的理想条件——借用爵士乐鼓手巴迪·瑞奇[1]用来形容天才的说法，即"自

---

[1].Buddy Rich，1917—1987，美国爵士乐鼓手，因其技术、力量和速度而被称为"世界上最伟大的鼓手"。

燃的火焰（fire that lights itself）"。同时，它也会指导你如何在复杂多变或模棱两可的情况下保持平稳和明晰。它将教你区分**无效的**不确定性（也就是当你走错路必须回头的时候）与**有效的**不确定性（也就是当你感觉迷了路，但你的直觉和智慧鼓励你继续前进的时候）。

如果你正在寻找自己的第一个研究话题，我们会领你入门。如果你已经有很多好想法，不需要别人来教你提问，我们会帮你找出哪些想法和问题值得投入时间。如果你已经有一个明确的研究项目，我们将教你如何推进和完善它，如何发掘出那些你还不知道的可能性。如果你是一位资深的研究员或教师，你会在这本书中找到一种研究哲学和策略，你可以把它分享给学生们，甚至可以用它来改进自己的研究实践。

我们设计这本书的初衷，是让它具有实用性，通过提供一些非常具体且经过验证的技能来帮助你：

· 选择一个研究话题；

· 将该话题转变为一系列具体而有吸引力的问题；

· 找到促使你提出这些问题的潜在难题；

· 处理你就该话题可能产生的假设、偏见和预设性想法；

· 明确研究该话题的风险，并优先考虑那些彼此冲突的利益和想法；

· 找到并接触与你研究相同"话题"的更大的研究社群（即你的"专业"或"领域"）；

· 找到你领域之外的相关研究社群；

- 找到对你的研究项目有帮助的资料；
- 利用找到的资料进一步完善你的问题（特别是在研究的起步阶段）；
- 在最容易迷惘的早期阶段克服心理障碍，保持研究动力；
- 保持你作为研究者的灵活、机智、敏感和活力。

这些技能无论放在哪里都是稀缺资源。虽然我们在这里使用的是学术语言，谈论的是论文、学生、课堂和教师，但这些技能其实是各行各业的基本要求。你在本书中读到的各种观点和各项练习，都可以应用在商业、新闻、艺术、设计、工程、社区建设和创业等各个领域。这些技能是所有研究的基本要求。也就是说，无论你从事哪个领域的工作，无论你的专业水平高低，它们都能帮助到你的研究。

如何使用本书

无论你拥有什么样的研究背景，都请注意下面列出的几个本书使用要点：

- **一边思考一边写**。这是我们给出的第一条建议，因为你将进行的最重要的工作就是不断记录下你的兴趣、假设、问题和想法——我们将其称为"自我反思记录（self-evidence）"。本书描述的操作过程不是光靠想就可以完成的，其中的很多练习，都需要你把想法以文字形式记录下来。你可以任意选择适合你的记录方式：写在纸上，记在电子文档中，写在餐巾纸背面、白板或黑板上。你将一遍遍地回顾你的自我反思记录，所以不妨多写一些（我们将通过下面的第一个练习来说明为什么让你多写一些）。

- **反复练习、阅读和写作**。本书中的**所有内容**都需要你多次实践，特别是当你**将这些练习应用在自己的项目上时**。如果你还没有项目，不用担心！我们为你准备了各种案例。不过，只有将书中的观点应用到实践中，你才能真正实现你的目的。

在这本书中，你会看到三个反复出现的环节，它们将为你提供不同的方法，帮助你在研究起步阶段的不同时期把自己的想法付诸实践。它们是：

- 试试看
- 常见错误
- 智囊团

试试看

在每个章节里，你将通过做不同的练习和小游戏来实现一组特定的目标。这些目标包括：提出问题，修正问题，发现问题之间的联结模式，并且确定哪些问题能够激励你。我们认为，不同的方法会对不同的研究人员产生效果，因此我们提供了各种形式的练习。所有的练习都基于一套核心原则，包括：

- 进行专注的、非评判性的自我观察；
- 允许并鼓励自己大声说出不清晰和不确定的想法；
- 把一切都写下来。

我们鼓励你从前至后来阅读这本书，不过你也可以选择跳着读。研究是一个不断重复、不断迭代的过程，而不是一个线性的过程。同样，这本书的设计也非常适合反复阅读。无论你是否按顺序完成了第一遍阅读，如果想要真正获益，你必须完成书中的练习，并且按照上面所说的，**把一切都写下来**。

让你持续写作的目的是生成我们所说的"自我反思记录"。你可以把自我反思记录看作线索，用它来帮助你探索研究人员在早期阶段必须回答的最重要的问题：我为什么关注这个话题？这个话题的哪个方面让我认为它是解决某个更大的问题的关键？为什么这份原始资料引起了我的注意？在所有可选择的研究话题中，为什么我总是想起这个？我的难题是什么？

自我反思记录是一种非常有价值的笔记，不过许多研究人员都忽视了它。也许他们看不起这种类似日记形式的"自我研究（me-search）"。他们认为它是主观的、奇谈怪论式的，而不是真正的研究，除非有人为你的研究专门拍摄一部纪录片，否则这种笔记完全派不上用场。我们不同意这个看法，而且我们认为，持有这种偏见的研究者无法从自我反思中获益。

我们提倡把自我反思培养成一种研究习惯。你在以自我为中心的研究过程中记录下的各种自我反思片段，其实和那些经验丰富的研究者在阅读资料、进行访谈、做实地调查或抄录资料时所制作的笔记非常相近。我们称它们为"自我反思"记录，是因为在研究的早期阶段，这些笔记的价值远远超过你对外部世界的事实、引述、观察，以及其他一些证据所做的记录。它们提供了关于你自己的证据。有了这些线索，你将发现深藏于你内心的问题和难题。在研究的早期阶段发现它们，你将不仅能够节省自己的时间和精力，更重要的是，还更有可能找到适合自己的研究项目。

常见错误

在每个"试试看"练习后面都会附上一个错误列表。这些错误大体可以划分为三类：

1. 不让自己显得脆弱；
2. 不听从自己内心的想法；
3. 不把一切都写下来。

在指导其他研究人员和学生做这些练习时，我们发现，人很难压抑自我保护的冲动（容易产生防御心理），也很难不去倾听想象中的权威的声音。这些声音推动了某些方向的探索，但同时也抑制了其他探索的可能性。

这些坏习惯在不经意间给你的自我反思设置了路障。了解了常见错误之后，我们就可以更好地避免这些冲动，专注地进行非评判性的自我观察。在研究过程中一定要把一切都写下来，因为这些书面记录将成为自我观察的基础，帮助你最后完成项目。不要试图用脑子记住所有事情，你的洞察会转瞬即逝。此外，我们还将一而再、再而三地提醒你，不要等到最后才动笔，现在就把你的想法写下来吧。

智囊团

有时候，你可能会发现向智囊团征求意见的重要性。智囊团成员也许是你的老师、导师、朋友、同事，或是其他顾问。我们会教你一些具体的方法，帮你做好与智囊团交流的准备。智囊团可以帮助你从其他角度审视自己的观点和文章，带你超越个人的局限。他们会帮你留意到最初未能顾及的方面，或识别出你的想法中的下意识倾向。他们还能帮你通过自我反思做出更好的决策。因此我们建议，你最好在研究的早期阶段就培养起与可信之人保持交流的习惯。最终，以自我为中心的研究，将把你培养成你自己的智囊团。

每一次与智囊团交流都会让你获得重要讯息。来自老师、导师或其他权威人士的善意建议——关于你"能够"或"应该"做什么——会在研究的早期阶段对你产生重大影响。在你感到迷茫，不确定你的新想法是否有价值的时候，来自老板、老师或顾问的建议（尤其是强制性的建议）可能会像**指令**一样给你指明方向。它也可能成为你的备选计划，让你觉得，"反正我没什么好的想法，不如试试看"。一条友善的建议可以加速你的进展。不过，要是你完全不做自我反思，只是对可信的顾问提供的现成意见囫囵吞枣，结果会怎样？很不幸，结果很可能适得其反。

作为导师，我们见过许多学生抓住了我们给出的第一个想法，但从他们几个月后写出的文章里，却看不出他们对其有丝毫兴趣。这样的结果通常并不理想。研究的重点是不要退缩，不断前进——去承担风险，发现或创造属于自己的东西。导师可以提供建议，让你避免重复他人的研究路径，得出已有的结论。但是，当学生拿着一个研究项目来问导师："这是你想要的吗？"真正的导师一定会反问他："这是**你**想要的吗？"

根据我们的经验，如果你并不真的愿意在某个研究问题上花时间去探索，你会发现，别说把它回答好了，甚至连回答它都非常困难。因此，在与智囊团会面之前，甚至在深入研究资料之前，请跟随本书上篇的指引找到你的中心。

先向内探索，后向外扩展

开启一项研究需要经历两个过程：先向内探索，后向外扩展。本书的上篇将带你经历一个向内探索的过程，让你成为一个以自我为中心的研究者。你将反思自己的经历、兴趣、优先关注点和各种预设的想法，并评估如何利用它们来确定你的研究方向。这个过程要比传统的头脑风暴更进一步，因为它要求你梳理自己的价值观。它要求你把你**不关心**的事情、你**以为自己关心**的事情和你**真正关心**的事情区分开来。

我们认为，向内探索的这个过程，最好在你邀请研究社群评估你的个人想法之前开始。你的想法很多，但价值不同，所以即使是在研究的早期阶段，你也一定希望慎重地评估哪些想法会对你的研究产生影响。权威人士也很多，但价值也各不相同，他们有可能在你尚未确定方向的脆弱阶段，对你的研究施加过多的影响。

在朝着以自我为中心的目标迈出上述步伐后，你才做好了准备，能够根据研究社群的问题、方法、理论、协议、假设和集体经验，去测试和完善自己的计划。本书的下篇会将关注点放在这个向外扩展的过程上。它将帮助你寻找并接受自己的研究社群（也就是通常所谓的"领域"和"学科"），并且判断哪些研究者对类似的难题感兴趣，即便他们处于和你不同的领域——他们被称作你的"难题集群（Problem Collective）"。领域和学科通常很容易通过它们的院系、协会、期刊和学位来判断，难题集群却不那么显而易见。鉴于它是本书的一个关键概念，我们将在下篇的开头对它进行介绍。

试试看
就在这里写,现在就写

——

目标:让写作成为激发你新想法的习惯性操作。在项目尚未完全成型时,你就可以开始记录关于它的想法、推测和目标了。

好了,开始写作吧。对,就在这里,就是现在,就写在这一页上。

你可以把本书当作一本工作手册。它不是重要比赛前给你加油打气的演讲,不是行动的序曲,也不是一场需要你被动接受的讲座。我们写下了本书的一部分,但本书最重要的部分将由你跟随着它的指引逐步完成。你可以把它当成操作指南、参考手册或者填色书来使用。你可以在书页边缘的空白处写下你的问题、想法和疑问,可以添加下划线,做出高亮标记,或是将书页折个角。

本书的每一节,包括这篇导读,都囊括了各种写作活动和练习,让你即便正在思考自己的研究目标、优先事项和研究计划,也可以同时写作。正如我们在书中反复强调的那样,研究不是一个线性的过程,因此你现在所做的绝不仅仅是一种"预写作",你写的绝不是稍后就要删除的废话。这不是热身运动。你现在写下的,就是**核心研究过程的一部分**,它包括产生想法、记录想法、自我反思,并且根据新信息不断完善,不断寻找更好的方式来提出和表达想法。

你在本书的指导下写作的(以及你写在这本书上的)所有内容,都将通过下列方式完善你的研究:

- 持续不断地记录下你的观点——创建你的"自我反思记录";
- 促使你不断对外呈现想法,帮助你记住并寻找合作者;
- 让你通过各种类型的写作实践一步步构建起自己的研究项目,并专注于研究早期阶段的不同方面;
- 让写作成为一种常态化的研究习惯。

好,现在请在下页的空白处写出你目前的想法。你想通过该项目达到什么目的?你感兴趣的话题或问题是什么?对你来说,怎样才算"成功"?你理想的研究成果是什么?记住:没有任何压力。你是在为你自己写作,而不是别人。

常见错误

· 为别人写作。在这个头脑风暴的阶段,你不需要努力给人留下好印象,不需要凸显自己研究的重要性,也不需要合理化自己的目标。把你想研究的内容写下来就好。

**BECOME A
SELF- CENTERED
RESEARCHER**

上篇

PART ONE·

成为一个
以自我为中心的
研究者

本书的上篇会教你如何把研究问题放在中心位置，并让它们与你内心真正关切的事情呼应。这些问题和关注点都与生活、世界乃至存在本身有关。这并不意味着你的研究会是虚无的、充满哲学意味的，或者仅仅与你个人有关。你写的既不是关于你自己的东西，也不是来自外部世界的东西。它从你的内心出发。这是一个通过自我反思来做决策的过程，是研究初始阶段非常关键的一步。

这个阶段的目标是确保你完全了解自己的研究动机和价值观，熟知优先事项，并清楚自己的资金、能力和局限性。通过这些步骤，你将获得研究者所需的自信与冷静，充分吸取更广泛的研究社群给你的各种意见——我们会在本书下篇详细介绍这个过程。

基本流程是这样：在第一章，我们将教你如何把一个模糊而宏大的话题（无论是你自己想出来的，还是别人指派给你的）转化为一组具体的、切合实际的，但依然十分初步的问题。在第二章，你将学习如何分析你在第一章创建的问题，并寻找合适的模式，将这些问题中的几个、大多数，甚至全部联系起来。突然之间，原本看似随机生成的一组问题被串联成了一个连贯的画面。这就是你将抵达的第二个重要里程碑：找到你的研究难题。在第三章，你将学习如何把你的问题和难题转变为基于原始资料的切实可行的研究项目。

最重要的是，上篇向你展示了为什么在研究的早期阶段，思考方式的转变如此重要——你将从依赖优雅的外部语言，到使用谦虚、笨拙的内部语言来解释自己的本能兴趣。上篇教你如何避免自欺欺人。

第 一 章

关于问题

QUESTIONS

这一章将帮助你应对研究过程中面临的第一个挑战：如何把宏大而宽泛的兴趣"话题"转变为一系列具体的，且（至少对你而言）足够吸引人的**问题**？在研究的最初阶段，大多数人脑中是没有什么具体问题的。他们只有**感兴趣的话题**。你在阅读导读部分时已经记录下了自己感兴趣的一些话题。但是对你而言，挑战之处不在于找到兴趣话题，而在于如何将一个宽泛的话题转变为一系列具体的问题。看起来很简单，做起来难度不小，需要你集自信与脆弱于一身。

话题不是问题

话题是个好东西。在任何研究的初始阶段，它都能起到很大作用。话题提示了研究领域或研究范围。它给予你力量，让你有归属感和使命感。你可以说，我的研究话题是哈林文艺复兴、苏联经济史、进化生物学、实验性诗歌、城市规划，或者环境历史。拥有话题使人内心踏实，充满自信，方向明确。

然而，话题可能具有欺骗性。它们是宏大且抽象的。它们组织起了大学、企业和研究机构——比如某某系、某某研究所。它们出现在名片上——比如研究某某话题的教授。它们塑造了我们对世界的看法。但是对研究者来说，话题的用途却很有限，原因显而易见：话题不等于问题。

话题和问题到底有什么区别？让我们来看看。(见表 1)

表1　话题与问题的区别

话题	问题
名词，通常带有修饰语	问句
可能宽泛，也可能具体	可能宽泛，也可能具体
提示了一个让人好奇的范围	不仅提示了让人好奇的范围，还暗示了该如何满足好奇
可以引出无数个问题，但这些问题通常有不同的指向	可以引出更具体、更相关的问题
没有对应的答案	有一个或多个对应的答案

你可以看到，话题有时甚至会成为研究的障碍。当研究者把自己的兴趣话题告诉你时，你很可能好奇他们将依循哪些路径，研究哪些潜在问题，或者该话题对他们而言为什么重要。简单地说，当我们谈论话题时，我们可以谈论它的**任何方面**（因此等于**什么都没谈**）。

哈林文艺复兴的**哪个**方面？苏联经济史**怎么**了？**哪里**的环境史？所以，即使有人把他们的话题告诉你，你也依然不了解他们的研究动机,更不用说研究方向了。有关哈林文艺复兴的研究最后可能着眼于城市迁移方面的内容,也可能着眼于诗歌、思想史或房地产市场。一个从事苏联经济史研究的人实际上可能是对钢铁制造史、"二战"期间的劳工关系或莫斯科经济智库的发展感兴趣。同样,对环境史的研究可能与入侵物种、水电大坝或烧荒农业等内容相关。你永远不知道某个话题究竟是关于什么的。所有这些路径(以及更多的其他路径)都有相同的被研究者选择的可能性,不过研究者可能对其中一些内容不感兴趣,甚至认为极度无聊。从事环境史研究的人可能与研究哈林文艺复兴的学者有更多的共同语言,而不是和研究环境史的"同行们"。单从话题入手,你无法得到很好的研究指导。这就是为什么话题对于研究者来说可能反而是有害的。

当你发现很难将一个话题发展成一个研究项目时,你通常得到的建议是"缩小范围"。

我们称这样的建议为"**缩小范围陷阱**"。

缩小范围看似遵循了直接的因果逻辑——因为"狭窄"的话题比"宽泛"的更易处理——却可能导致许多研究者,尤其是经验不足的人,走进死胡同。话题范围被缩小,研究对象的数量也就减少了,这让你可以回答**何时**与**何地**的问题。但仅靠话题,即使是一个"狭窄"的话题,是远远不够的,因为它无法让你回答**如何做**和**为什么做**的问题。就算听你介绍过你的"狭窄"话题,别人可能依然不了解你具体要做什么。"狭窄"的话题甚至都不能让**你自己**明白该做什么。

简单来说，**你无法靠"缩小范围"找到一条走出话题迷宫的路径。**

每个研究者都得搞清楚自己**该做什么**，以及**如何去做**。而且，如果你想把自己的时间和精力花在值得投入的地方，那么你必须在搞懂**做什么**和**如何做**之前，先弄明白**为什么要做**。

举个简单的例子：一个学生和墨磊宁在讨论历史课论文的几个备选话题。学生说论文主题是中国的风水学。在风水学里，地形和自然环境都是活跃的能量，这种能量可以对生者和死者的运势产生正面或负面的影响。如果遵循这种能量运作的规律去设计住宅或者城市，就能提升运势；如果忽视或违背这些规律，则可能带来灾祸。

毫无疑问，风水是一个有潜力且吸引人的话题，但墨磊宁还是不太清楚学生的关注点在哪里。学生对这个话题的**问题**是什么？其重要性何在？为什么是**风水**？

这名学生凭借"优等生"的措辞能力，而且明显在谈话之前做了演练，用课程中的关键术语和概念进行了解释。学生说，风水提供了一个研究"中国现代性"的角度，可以检测中国从"传统"到"现代化"转型期间的"知识生产"情况。所有的展示内容都非常精彩。

但是，学生的表述中还是缺少一些重要的东西。

好吧。但你**为什么**选择风水呢？如果你的主要动机是了解"中国现代性"，那你不一定非得选择研究风水。你可以选择研究教育改革或化学工业的发展，还可以研究翻译史，总之，探讨现代性问题的方法数不胜数。

学生又解释了一番，努力用"听起来很聪明"的理由来证明自己的选择是正确的。"文献中存在着空白，"学生使用学术术语解释道，"在我们的知识图谱中有一个尚未填补的重要领域。"而且，风水还可能"介入"历史学体系，它的影响非常大。学生继续说着学术圈的常用语。或者说，学生试图用学术导师熟知的语言与墨磊宁进行交流。

但这依然没有回答问题。说"文献中存在着空白"是假定这个话题具有无可置疑的重要性，必须得到大家的关注。**但它究竟对谁重要？为什么重要**？而且，人类知识界存在无数"空白"，为什么非得填补**这个**特定的空白呢？

这个问题恐怕不能简单地归因于学生"经验不足"。大多数研究者（即使是经验丰富的学者）也常会本能地使用"重要性"或"意义"这样的词汇，来合理化他们潜在的研究想法——而这些词汇其实是由一个虚构的外部评判者来定义的。可是，在研究的最初阶段，我们并不需要外部评判者。相反，此时每个研究者需要回答的都是关于个人的问题：在无数潜在的兴趣话题中，我为什么被**这个**话题吸引？猜测一下，我与**这个**话题的联系在哪里？为什么它对我如此有吸引力？

对方明显沉默了，情绪有了很大转变，说话的语气和语调都变弱了，身体也放松下来。于是对谈不再像是一场学生试图给教授留下好印象的表演。双方的交流更加坦诚和开放，也更加脆弱。学生吐露了自己的一些担忧，这次学生不再刻意展现智慧，而是真正使用了智慧。

"我妈妈是个律师，"学生说，"她受过高等教育，是我见过的最理性的人。她完全不迷信，却很相信风水，是真的相信。我一直不能理解。"

于是很多新问题产生了。还有哪些东西在你看来是一个"理性的人"绝不可能相信的？冥想？瑜伽？反射疗法？数字占卜？还是精神病学？又或是经济学？而且，是哪些人或哪些东西定义了"理性/非理性"的边界呢？世界上的不同地区对这个边界的定义一样吗？理智的概念是何时以及如何在历史上被建构出来的？为什么会出现这个概念？如果查看其他时期或其他文化中的资料，可能找到什么？我认为的"理性"是什么意思？我为什么会用这个词？是因为我认为"理性"基于逻辑，而风水是无逻辑的吗？有没有其他原因让我认为风水和理性是不匹配的？

这就好像你正开车逐渐远离城市灯火……突然之间，你看到天空中出现点点繁星。

问题不断涌现，填满了学生的笔记本。

学生的突破源于这次讨论的几个关键方面。我们将把要点列在下方，以帮助研究者实现从话题到问题的转换：

1. **让自己显得脆弱**。学生看起来不够老练（他们起初总会担心这一点）**其实是件好事**。在早期阶段提出的问题并不是最终成品。生活中有很多事情都在阻碍我们敞开心扉。我们想要显得成熟和专业，提问时便十分犹豫，担心提出幼稚的问题。但在这个阶段，我们的问题不需要修饰，甚至不必连贯。只要它们是**诚实的**，**尽可能符合我们的知识水平**，就可以了。相信你自己。

2. **对话时态度坚定且不随意评判**。无论是研究者还是他们的智囊团，对于他们有关理性的假设都没有给予否定。在头脑风暴的阶段，我们很容易因为消极的思维习惯或诸如"你的假设是错误的：非西方的风俗也是理性的"这样的评价而过早地停止探索；或者是使用一些高级语言进行自我打压，比如说："我对理性的理解显然是被社会建构出来的。"请阻止这类倾向。更好的做法是让问题自由发展，无论它们现在看起来有多么不重要、幼稚、零散、不连贯，甚至存在偏见。你做独立研究也好，合作研究也好，这个阶段就只管提出问题。我们稍后再讨论该如何使用这些问题。

3. **把你的想法写下来**。研究者和智囊团会把所有的问题都记录下来。想法也许来得很快，但若不及时记录下来，它也会被遗忘得很快。我们反复强调，在研究的早期阶段，单单思考是不够的，你得把想法写下来，把自己思考的痕迹留下来，以后也许能派上用场。

4. **从内部产生问题**。在上面这场谈话中，基本都是学生在提问，智囊团不需要说什么。你也应该专注于提出由你的知识、假设和兴趣推动的问题。不要试图"由外向内"思考。也就是说,提问时不必迎合某些假想的外部评判者。

这名学生其实比大多数人都幸运。在谈话前做的大量自我反思,已经让学生非常明确这个话题对其个人而言有何意义,学生只需要把自己的想法说出来而已。

其他人则面临更大的挑战。我们有时会被某个话题吸引,却完全不清楚缘由。说得更准确点儿,一部分的我们知道为什么,而余下的那部分,不得不处理"你为什么感兴趣"的那个部分,却仍然毫无头绪。

随着我们在以自我为中心的研究过程中不断取得进展,我们将探讨如何用各种办法拉近这两部分之间的距离。这两部分分别是:

· 你的**直觉**部分,它能洞察,却无法表达;
· 你的**执行**部分,它能表达,却无法洞察。

问题会带我们朝着不同的方向前进——走向一个具体的答案,走向可以回答问题的原始资料,走向其他研究此类问题的学者(他们的研究成果可视为二手资料)。更有可能的是,走向更多、更好的问题。问题会迫使我们进行自我评估。

问题还有一个用处。每个人提出的关于世界的问题,其实都是研究者本人的一种"自我反思记录"。研究者为了回答这些问题，会反思自己的思想、情感和个人动机。因为他的目标不仅仅是把自己对某个话题的兴趣表达出来，还必须做出阐释。

比如下面这个例子：

> 苏联的历史很有趣。

呈现了更多自我反思记录的问题应该是这样的：

> 考虑到苏联对资本主义的犀利批评，它是否发展了自己的会计学？苏联肯定有会计师负责跟踪经济数据，但当时的大多数会计理论都是在资本主义的背景下发展出来的，这是否对苏联构成了一个难题？

你现在知道该如何回答"**为什么你对它感兴趣**"这个问题了。你的问题赋予了你责任。你必须提出有自我探究意义的问题，并且不能给出模棱两可或简单重复的答案。比如，"这个话题很有趣，所以我对它感兴趣！"

试试看
搜索自己

—

目标：搜索原始资料，利用结果列表确认你对话题的哪些方面最感兴趣，再基于这些方面提出你的问题。

你已经掌握了在互联网上搜索资料的方法。这个练习将帮助你利用网络搜索的结果来搜索自己。

这为你提供了一条由话题进入问题的途径。

在深入了解更多细节之前，我们先来快速了解这个练习需要的几个步骤：

1. 请根据你在导读部分的"试试看"环节（见第17页）所做的练习，写出任意或所有吸引你的研究话题。尽量宽泛一些，不能只写一个。

2. 从列出的话题中选出一个，然后在第38页给出的至少三个（或更多的）网络数据库中对该话题进行搜索（你可以在 whereresearchbegins.com 这个网站上找到更多数据库）。

3. 点击几个让你感兴趣的搜索结果，比如五到十个。

4. 你不需要深入阅读这些搜索结果。你的目标是：（1）花费大概 20% 的脑力来快速浏览这个搜索结果列表（有些条目也许需要看一下内容）。（2）将剩余的 80% 脑力用来做自我观察。在阅读这些结果的同时也"阅读"你自己。

5. 密切观察你的大脑和身体对这些结果做出的不同反应：哪些结果会立刻引起你的注意？哪些结果让你的目光多停留了几秒？哪些让你有心跳加快的感觉，即使只是快了一点儿？

6. 写下至少十个吸引你的结果，不必费心去思考它们吸引你的原因。

7. 根据这十个结果来回答后面的三个问题，以生成你的自我反思记录。

8. 把记录放在那里不管（至少搁置二十四小时）。

9. 回来看你写出的那些答案，并向自己发问：如果我不知道是谁写下的这些答案，是谁给这些搜索结果标注了"有趣"，我会对这个研究者做出什么样的推测？关于研究者的关注点和兴趣点，这份自我反思记录提供了哪些信息？

10. 写下你对这些问题的看法，尽量多写一些。

现在让我们对这些步骤做一个更具体的说明：

第一步：已经非常简单直接了。

第二步：选择数据库。我们为你列出了一些不错的选择，你也可以在 whereresearchbegins.com 这个网站上找到更多。

- WorldCat: www.worldcat.org
- HathiTrust: https://www.hathitrust.org
- Trove: https://trove.nla.gov.au
- Online Archive of California (OAC): www.oac.cdlib.org
- Archives Portal Europe: http://www.archivesportaleurope.net
- Collaborative European Digital Archive Infrastructure(CENDARI): www.cendari.eu
- Consortium of European Research Libraries (CERL): https://www.cerl.org/resources/main

不用担心你选择的数据库是否"正确"。就这个练习而言，选哪一个都没关系（很快你就会知道原因）。也不用担心图书馆的地理位置。如果你认为在新泽西州的档案馆里有可能找不到，比方说，关于亚美尼亚政治问题的资料；或者认为在堪萨斯州的档案馆里找不到关于伊特洛里亚陶器的资料，这些数据库会给你惊喜的。

你可以迅速熟悉一下搜索引擎的使用方法，然后做一个简单搜索。敲入你要搜索的术语——比如你的话题，或它的变体——然后看看会出现什么。如果搜索结果显示为零，就换一个更常用的说法，或某个相关的术语。如果都搜不到，就换一个网站，再试一次。数据库本身并不重要。

第三步：一旦搜索到了一些结果——任何结果都可以——接下来要做的就简单了。你只需要滚动屏幕，快速浏览这些结果，同时点击并阅读其中的几个。在大部分此类网站上，你都看不到原始文本，只能看到目录列表。即便网站为你提供了全文，也请注意，这个阶段不需要在任何资料上停留太久。现在还不到做精读的时候。

你需要做的——这也是关键所在——就是在浏览这些搜索结果的同时，试着想象自己被连接在一台心电图机上，它正在持续记录你在**浏览过程中**的体征。哪些资料让你的心跳加快了呢，即使只是快了一点儿？把它们记下来。哪些对你没有产生任何影响？也把它们记下来（因为过一会儿我们还要清点那些**让你感到无聊**的内容）。

正如前文所说，你现在的目标是在阅读其他内容的同时"阅读你自己"。在浏览这些搜索结果时，你只需要用 20% 的脑力来点击链接和阅读少量资料信息，另外的 80%——也是最重要的部分——应该被用来**关注那个正在关注资料的你自己**。

为什么要这么麻烦？这能帮助研究者接近他的研究目标吗？

好吧，让我们想一想：在我们的身体感官每天受到的刺激当中，大部分的刺激都属于不易觉察的图像、声音和气味。事实上，如果我们每时每刻都去关注我们受到的所有刺激，我们的身体系统就会负担过重，无法维持基本的生命活动。这就是为什么我们会进化出一个精良的过滤系统，帮我们判断哪些刺激该被忽略。身体和大脑进化出的这个神奇系统，可以让我们保持一个不看、不感觉、不闻、不听、不尝的状态。

由于我们非常擅长**忽视**刺激，当我们**确实**注意到什么的时候，无论它多小、多不重要，我们都需要打起精神。这种形式的自我反思记录能够为我们的潜在关注点和好奇提供线索。

说得通俗易懂一些，任何时候，只要你的大脑注意到了什么——**任何东西**——你都可以确定，这里肯定存在一个问题，即便你还不知道它是什么。

学着去留意这些线索，再根据它们的提示寻找你的问题，你很快就会从宽泛的话题阶段进入更精准也更高效的问题阶段。

"注意你正在注意的东西（noticing what you are noticing）"，操作起来可能比想象的更难。你需要非常密切地倾听自己的内心，因为"注意"不是一个夸张的动作。顿悟的产生并不总是震耳欲聋。你也许只是发出了若有若无的一声"嗯"。"我找到了！"的那个瞬间，甚至可能是悄无声息的。你可能只是微微一笑，或眉头微皱，又或者只是在某张图片、某句话上比平时停留得稍久一些。音爆声人人都听得到，而寻找最细微的"引力波"，才是你的目标。

第四步：回到你的搜索结果列表，把让你有所触动（无论多么细微）的搜索条目，都圈出来或打上星号。你可以把它们手抄一份，也可以把它们的标题复制粘贴到一个文档里，或者点击复选框，把它们保存到文件夹或邮箱里。无论选择哪种方式，你都一定要把这些条目记录下来。

重申一次：把吸引你注意的所有东西都记下来，即便它看起来和你的话题毫不相关。

假设你在做一个关于奥斯曼帝国、新泽西州或中国的搜索，除了与帝国、州或国家有关的资料外，你的搜索结果列表里可能还会出现一些不相关的资料，诸如奥斯曼家具、英国泽西奶牛（娟珊牛）或是瓷器（china）。不要轻视这些资料，把它们也浏览一下。如果其中的任何一项能让你停下来思考，请像记录其他条目一样，把它也记录下来。不用担心它们是否看起来不相关、不协调。这个阶段你唯一要做的就是听从内心，记下所有让你感兴趣的事物。筛选工作要到后面再做。

第五步：等你的这份初始列表中有了至少十个条目后（尽管我们主张不要随意舍弃，但也不要把**所有东西**都复制粘贴过来），请花费大概半小时的时间，就其中的每一个条目都向自己提出以下三个问题，然后把你的答案写下来：

- 它让我想到了什么？
- 大胆猜测一下，我为什么会注意到它？
- 当我看着它时，我的脑海中出现了什么问题？

每个条目只要写几个字就好。记住，在这个阶段，你很可能并不知道自己为什么被它们吸引，所以你目前给出的答案会是试探性的，甚至有些傻气。这都没问题。你只要记住，必须抑制假装聪明的冲动，不要为了迎合某种假想的外部评价而刻意使用某种语言，就像在风水案例中学生一开始表现的那样。你唯一的观众是你自己，你得允许自己语无伦次、追随本能并保持坦诚。为什么这个条目会吸引我？

第六步：把你的列表放在一边，一整天都不看它。我们是说真的。把这本书合上，把电脑关掉，设一个二十四小时的闹钟。

第七步：现在用全新的眼光来看这份列表。把它想象成陌生人写的东西。如果只有这样一张表，你可以从中看出研究者的关注点在哪里吗？如果你不了解他们的话题，你能猜出他们最关心什么吗？鉴于你知道话题是什么，这份"关注列表"所提示的话题，与你了解的**相同**吗，还是**稍有不同**，抑或是**完全不同**？它们的关注点是否包含在话题之中？如果是，那涉及话题的**哪个方面**呢？还是说话题只是另一个问题的**案例**或者**载体**？把你的所有想法都写在纸上。

常见错误

· 不把一切都写下来。

· 太早开始阅读资料。

· 排除那些与你输入数据库的关键词或你的话题看似没有关联的搜索结果。

· 假装对看似"重要"的搜索结果感兴趣,即使它并不真正吸引你。

· 仅对你认为你知道自己**为什么**感兴趣的搜索结果表现出兴趣,而没有广泛地收录其他搜索结果。

· 尝试创建一个连续且前后呼应的"注意"列表。

· 在猜测自己对某个搜索结果感兴趣的原因时,出于某种虚构的外部标准,担心这个原因是否"重要"。

试试看
让"无聊"成为你的指引

——

目标:开始留意你不喜欢的事情。根据你感兴趣的话题,找到那些你(理论上)"应该"感兴趣但实际上并不感兴趣的问题。通过了解你不关心的内容,你可以更快地找到自己真正关心的问题。

在上述练习中,你注意到了所有能够吸引你的搜索结果。但是那些对你有**负面**影响——令你感觉**无聊**的结果呢?它们很可能也出现在了虚构的心电图上,只不过,你并没有被它们吸引,而是感到**排斥**,所以你不太可能把它们添加到列表中。毕竟,面对无聊,人类最常见的反应就是**回避**。我们试图摒弃或忽略那些让我们感到无聊的事情。

别这么做。无聊是一位有力量的老师,它也值得我们留意。无聊不等于不感兴趣或缺乏兴趣。它不是一种被动的体验。无聊是一种**主动**的情感,是对某些事物的**拒绝**,就像兴奋的情感能给你提供自我反思记录一样,你也可以通过无聊更清楚地了解自己的关注点和动机。记录下你的无聊,就像你刚才对兴奋所做的一样,你会获得指向你真正的研究问题和难题的线索。

想象你在与一位善良的朋友对话:

> 朋友:"你在研究什么?"
>
> 你:"制度社会学。"
>
> 朋友:"啊,这个话题有意思!我前两天读的一篇文章对比了不同公司的管理架构,看哪些公司提供的条件能最有效地提高员工的工作满意度和工作效率。"
>
> 你(心想):"哎,好无聊,这可完全不是我感兴趣的东西。"

朋友根据你感兴趣的话题举了更多的例子,认为你照理也应该有兴趣。他列举了一些书名,并介绍了其中几本。你越听越困惑:朋友举的所有例子都让我感觉无聊,这是为什么?这些例子明显都与我的话题相关,我可能确实应该关注它们。但我就是不感兴趣,我到底是怎么了?

无声的恐慌感开始包围你。

也许是因为我的话题本身就无聊。也许我应该换一个话题。或者这就是研究的本质：短暂的激动过后，留下的是研究不感兴趣的东西带来的乏味感。也许我就不应该做研究！

先别急着评判自己（也不要评判你的朋友，他们可能是在帮助你），花一点时间做自我反思。问问自己：你选择的话题无聊在哪里？由话题自然衍生出的潜在问题或子话题中，哪些让你感到厌恶甚至不安？

也许这是你第一次思考此类问题，毕竟没有人会关心什么让你感觉无聊。人们通常都是问什么让你**感兴趣**或者什么让你**兴奋**。我们明白，通过回答关于兴趣的问题，能让我们发现从前不了解的那个自己。但是如果有什么东西让你感觉**无聊**，你该如何解释个中原因呢，尤其是它们看起来明明是你感兴趣的话题？

下面是你可以采取的几个步骤：

1. 回到你的搜索结果列表，再将它们浏览一遍。
2. 认真观察心电图，这一次特别关注那些使你感觉无聊的条目。和寻找感兴趣的条目时一样，这一阶段的你也绝对不能自欺欺人。
3. 勾选出一些"无聊"的搜索结果，然后针对它们，像之前一样回答下面这几个问题：

·它让我想到了什么？

·大胆猜测一下，我为什么会注意到它？

·当我看着它时，我的脑中出现了什么问题？

4. 现在，针对每个搜索结果写出类似这样的一句话：比起（搜索结果），我更感兴趣的是（其他东西）。

步骤 3 和 4 将产生两种类型的自我反思记录，它们可以为你提供更具体的线索，让你了解自己用来解读这个世界的潜在心理结构。

思考令你感到无聊的事，也是与作为研究者的你进行对话的一种方式。无聊不仅能发挥排除法的作用，让你远离那些无法令你受益的内容，还能让你懂得如何更好地提问，并专注于自己的问题。

常见错误

·否认无聊,或是因为某个内容吻合你的话题而假装对它感兴趣。因为它看起来"很重要",于是强迫自己感兴趣。

·陷入循环逻辑。避免做出这种解释:"这个内容让我感觉无聊是因为它很无聊!"无聊不是碰巧发生的事。**无聊和灵感一样,是发生在你和互动对象之间的一个动态过程。那些使你成为你的东西,会与你遇到的现实状况发生反应,而无聊的情绪就是这个反应催生出的副产品。**

试试看
从小处着眼
——

目标：在深入研究之前，先根据你的话题提出一些具体的、基于事实的问题。这些问题会引导你走向更大的问题。

现在，你可以从话题阶段迈向问题阶段了。你已经就以下两个问题做好了记录：

1. 关于你的话题，你注意到了哪些资料，你为什么会关注它们？
2. 在与你的话题看似"明显相关"的各方面内容中，哪些让你感觉无聊，原因是什么？

把这些都当作激发灵感的材料，并延续之前的做法，试着把想法都写下来。

随着你的想法不断涌出，请写下至少二十个与你的话题相关的问题。重点是，这些问题必须描述得**尽可能详尽**，比如像下面这样：

· 关于这个话题，你希望了解哪些方面的事实？
· 若要满足好奇心，你可能需要关于该话题的哪些数据或信息？

·关于这个话题，有可能存在什么样的具体说明，你能想象出来吗？

一些问题可能是在你做"搜索自己"这个练习，或者"让'无聊'成为你的指引"这个练习时产生的。你还可能提出一些全新的问题。

尽量避免提出刻意展现深度或过于宏大的问题。如果你发现自己在问这个话题有什么"根本意义"或"重要性"，那这些问题就很可能太抽象了。

你还要记住，**问题的意思是带问号的问句**，而不是伪装成问题的陈述句或者短语。比如"关于公正的问题"就不能算是一个问题。

再强调一次，你在这个阶段的目标不是去向别人证明你的项目有多重要。你需要从关于基本事实的问题开始。毕竟，你对自己的话题还了解不多，你**不了解**的部分要远远大于你了解的部分。

举个例子。假设你正在查阅德国纽伦堡军事法庭开庭期间的一张黑白照片，你可能会联想到一些宏大的问题。比如，"纽伦堡审判对于二战后的欧洲有什么影响？"或者，"这些审判有什么重要性？"但是如果你正在构想一个研究项目，那么提出一些具体的问题，反而能让你更快地到达目的地。比如：

哪些国家参与了审判？

这些国家派谁作为代表出席？

这些代表是如何选出来的？

他们在审判期间各自的角色是什么？

有人拒绝参加吗？

谁是评审？

他们是怎么被委任的？

谁委任了他们？

这是战后的第一次军事审判吗？

如果不是，之前的几次在哪里举办？

媒体人士被允许参加吗？

是谁拍了这张照片？

这张照片是怎么流传出来的，什么时候，被谁散布出来的？

军事审判是在哪栋楼的哪个房间举行的？

这场审判是在一段连续的时间内进行的吗，比如几天，几周，几个月？还是由几场不同的审判组成，分别在几个不同的时间进行？

这场审判有结案的最后期限吗？

审判的内容有没有被转写成文字稿？

文字稿存放在哪里，是如何流传出来的？

谁支付了所有这些费用？

谁支付了所有法官、律师、目击证人的交通费用？

谁支付了他们的住宿费用和收入损失？

在受审期间，被指控的人被关在哪里，被关了多久？

请注意，这些问题都不深刻，都是很小但很具体的问题。具体，就是现阶段的目标。原因有两方面。

首先，只有通过这些**小问题**，你才能在自己脑中或笔记本上勾勒出关于该话题核心基础的图景。你还不了解全部事实，更无法对事实做出分析，所以在这个阶段，尝试回答关于"意义"和"重要性"的**深刻问题**有些为时过早。相反，你对这场军事审判的实际场地了解得越多，对评审员、律师、目击者、观众、媒体、家属，以及其他到场人员的身份信息越熟悉，你就会对自己的研究话题有更好的掌控力。等时机成熟后，你才能问出那些**更大也更深刻的问题**。

其次，在那些**小问题**背后，可能潜伏着一个让你意想不到的问题，当你大声念出它时，你的研究会立刻被转到一个全新的方向。比如，当你提出"谁支付了所有目击证人的住宿、餐饮及交通费用"这样一个简单的问题时，你也许会尝试从一个新的角度来研究国际法庭的历史——不是从庭审内容本身，而是从城市历史的角度切入，提出类似这样的问题："纽伦堡、东京和南京这些城市是如何处理战争罪行审判的？这些因战争而满目疮痍的城市，是如何处理交通、住宿、安全等重要事项的？"

仅仅是多提几个问题，你就会发现自己的研究有了某种方向，能为"公正"这个宏大话题提供更多新的、有洞见性的信息。

当你开始提出（并回答）此类具体的、看似寻常的问题时，你就等于把自己从模糊且无效的"话题"约束中解放了出来，朝着更具体且更连贯的一系列问题迈进。它们不久后会变得更开放、更吸引人，也具有更强的可操作性。

提出精准的事实性问题，是帮助你走出话题迷宫的有效路径。

常见错误

·提出关于"意义"或"重要性"的宽泛、宏大且抽象的全局式问题，而不是关于事实的具体而精准的问题。

·不使用（带有问号的）问句来提出关于事实的问题，而是使用伪装成问题的陈述句或短语。

·不提出自己可能回答不了的问题，因为你认为此类数据不存在或不可获得。

·提出的问题数量太少，无法形成足够的自我反思记录。

智囊团：开始构建你的研究网络

截至目前，你已经独自完成了很多工作。你思考了话题和问题，并完成了三个帮助你从感兴趣的话题中找到问题的练习。

现在正是用你提出的问题与你认识的人探讨项目的好时机。开始建立你的研究网络——一个可以让你在研究过程中咨询和寻求建议的人群。列出一份你认为有意愿且有时间与你定期讨论想法的老师、同事、学生和同行的名单。有些学者大部分时间都是做独立研究，但一个可靠的智囊团可以成为研究的催化剂。

在你的潜在智囊团名单上圈出几个名字，再选出几个你在阅读本章时提出的问题，安排一次与他们的会面来讨论这些问题。保持思想的开放性。你要做的不是让智囊团直接说出哪个问题"最好"。告诉他们你还没有最终确定自己的研究问题，目前还处于探索阶段。你的目的是引起他们的关注，并开始试着口头表达出自己的研究想法——因为你已经写了一些东西。

你可以提前将问题发给他们，但要尽量让你们的谈话轻松随意。不要问他们"我的问题好吗"，而要问他们"这些问题让你想到了什么""这些问题让你联想到哪些其他问题"。花点时间与他们一起提出关于你的话题的更多问题。

记得说声**谢谢**。因为你很可能需要再找他们。

你有问题了

你现在已经上路了。你从一个普遍的兴趣点出发,找到了一个同样普遍的"话题",它是你的探索对象和研究焦点。你通过"搜索自己",初步生成了一些笔记——这些是你的自我反思记录——是你基于自己的兴趣点和无聊点进行坦诚探索的结果。通过写下哪些内容吸引了你,哪些内容使你感觉无聊,你对自己的立场和关注点有了更清晰的认识,同时也通过这些练习生成了更多具体的小问题。如果你的问题看起来很分散、不完整,甚至有些混乱,这都没关系。实际上,这正说明你的方向是正确的(如果你只找到寥寥几个问题,那你反倒需要把前面的练习再做一遍)。

最重要的是,通过构想这些可能的研究问题,你暂时把自己的问题是否"重要"这种顾虑搁置在了一旁。我们将在本书下篇再去探讨他人的意见。你列表中的所有问题都**与你有关**,即便你现在不知道原因。你还获得了额外的好处,那就是从数据库搜索中得到了第一批原始资料和二手资料。

你已经开始把话题发展为问题了。

在下一章,我们将向你展示,为了确定这些问题之间的联系方式,我们将如何对它们进行分析。一旦将它们联系起来,你会发现,在这些分散的小问题背后,藏着一个驱动你研究的深层动力:你的**难题**。

现在,请合上书,让自己休整片刻。我们一会儿再见。

第 二 章

从问题到难题

WHAT'S YOUR PROBLEM?

既然你已经找到了问题，那么下一步自然是回答这些问题，对吗？

不尽然。

在这一章里，你将开始寻找和使用原始资料，你会找到部分问题的答案。但回答问题并不是你的重点，**调教**你的问题才是。

到目前为止，你提出的这些问题大多数都还不够成熟。这与你作为研究者的能力没有关系。相反，这正是现阶段研究的一个部分：问题尚未成熟是因为你还没开始对你的研究对象展开研究。这是意料之中的事情。

但是等一下！这时候你可能会开始抗议。你之前告诉我，生成这些问题是为了做研究，可你现在又告诉我，我做研究是为了生成问题？这是不可能的任务。这是一个无限循环，是一个陷阱！

这不是陷阱。事实确实如此，你需要做许多研究才能找到正确的问题。而为了回答这些问题，你需要做更多的研究，随后生成更多的问题。和很多人想象的不同，研究早期阶段的目标并不是找到答案，而是完善你现有的问题，并生成新的（并且更好的）问题。

这一章的目标就是帮助你识别并表达出潜藏在你众多研究问题背后的那个**难题**。找到了难题，你就能问出更好的问题，做出更有分量的研究，并且取得更快的进展。

不要急于确定问题（否则你会错过你的难题）

在经历了生成、分析、完善问题这些步骤，并不断扩充问题列表之后，你也许会感到疑惑：我该如何确定是否找到了自己的难题？我真的会有一个"难题"吗？我是否仅仅生成了一堆随机问题，加在一起却什么都不是？毕竟，我们会对很多事情都感到好奇，但不必为了满足好奇，每一次都开启一项研究。我们也不应该这么做。

如何区分一个**难题**和一系列随机产生的好奇呢？如果它每天、每周或每个月都在变化，那么它很可能是转瞬即逝的好奇；如果它持续很长时间，那么它很可能是一个难题。

你的难题是存在于你内心的一个困惑，它打扰你，让你迷惘和不安，但同时也吸引着你、迫使你不断回想起它。它在你脑海中引发问题，无论这些问题看起来多么千差万别，与外界多么不相关，你也知道它们以某种方式相互联系着，哪怕你说不清原因。你的难题会一直跟随着你。无论你是法国历史学家、

第二章 从问题到难题

菲律宾社会学家，还是印度文学研究者，你总会受到某个难题的召唤，试图去解决它。你的工作就是给这个难题命名，（根据你个人的能力和局限）确定一个你能处理的关于该难题的案例（case of that problem），找出研究该案例的方法，再推导出一个适用面更广的解决方案。

当然了，解决一个难题之前得先提出问题，但是（再次强调），问题并不等同于难题。

你可以想出许多有答案的问题，但这些答案解决不了任何难题。提出并回答这些随意的问题纯属浪费时间。因此，**要确保你的问题确实是由你的难题驱动的**。这就是为什么不要轻率地提出问题。

对于研究者而言，难题有以下几个功能：

- 它激发你对自己的话题提出问题；
- 它决定你提出哪些问题；
- 它界定你参与什么话题，以及为什么 / 何时 / 如何参与；
- 它指引你找到探索的路径；
- 它决定你以何种方式传播你的研究发现。

到目前为止，你已经根据对资料的初步探索生成了"第一稿"问题。如果你想确保这些问题不仅仅是为了满足个人好奇心，本章提供的几个步骤可以帮你：

- 改进已经生成的问题；
- 利用资料找到那个促使你生成问题的难题；

·利用你的难题生成更新、更好的问题。

我们都知道"不要轻率地下结论"这个道理,"轻率地下结论"这一行为,通常是出于个人偏见或匆忙的决策。我们都见过这种情况,也都犯过这种错——在花时间充分思考之前,就对某件自以为确定的事情下了定论,最后被证明是错误的。

研究者在早期要避免的,是轻率地确定问题。你已经生成了许多问题,现在面临着在压力之下过早地选出问题的风险。

"你的研究问题是什么?"你会听到别人这么问,而它最终会变成你头脑中一个小小的声音,诱导你相信自己必须有一个研究问题,而且必须尽早确定下来。

"轻率地确定问题陷阱"和**"缩小话题陷阱"**一样危险。

轻率地确定问题就像盖房子不检查地基。你的建筑设计也许非常惊艳,空间开阔,景色迷人,但如果你把房子建在了沙地上,沙土一移动,你就有大麻烦了。重建的费用是高昂的,而且你会发现自己也没办法把房子原封不动地搬走。

对你的问题进行压力测试

你已经生成了大量问题——理想的话,都是关于事实的小问题——现在你还需要对它们做一次压力测试,进一步完善它们。你会删去那些钻入了死胡同的问题,改进余下的问题,同时添加一些能够促进研究的问题。

你可以把问题想象成一辆车。在跳上车并且带上其他人之前，你一定想确保车子的驾驶系统和刹车系统都经过了严格测试。你还希望这款车型经受过反复的碰撞测试，制造商非常确信它的结构设计能很好地保护司机和其他乘客。

为了确保你的问题同样安全可靠，你可以用两种方法来对它们进行压力测试。第一种关注语言层面，第二种则根据特定的研究对象将重心放在资料上。我们推荐你按照二者的先后顺序来进行测试。

试试看
对你的问题进行诊断测试

——

目标：确保你的问题在词汇、语法和措辞这几方面都能做到具体而不带偏见，不预先假定某种结果。

重写一遍你的研究问题，并特别关注以下几点：

1. **标点符号**。你的问题是否在结尾处标有问号？你的描述中是否使用了比较宽泛而模糊的术语，比如"这是对……的一次考察""我计划探索……"，或者"我的项目研究的是关于……的问题"？如果你发现自己将问题表述为"我打算考察……是如何发生的"，那么它很可能不是个真正的问题，而是**伪装成问题的话题**。问题必须比这更具体，并标上问号。

2. **形容词和副词**。你的问题是否使用了过于宽泛、通用、不精确或概括性的形容词，诸如"现代的""传统的""西方的"？是否使用了类似"科学地""理性地""有效地"这样的副词？试试把这样的形容词和副词全都删掉吧。

3. **集体性名词**。你的问题是否使用了集体性名词,比如"亚洲人""法国人""学生""女性"或"北美人"？如果用了，请尽量把它们替换成更精确的人口分类词汇：哪个年龄段的女性，生活于何时何地的学生，来自什么背景、社会经济地位如何、什么种族、家庭状况如何的北美人？你不需要把**所有**可能存在的人口统计变量都考虑进去，但要尽可能覆盖一切会对你的项目造成影响的变量。

4. **动词**。你的问题是否包含了例如"影响""改变""塑造"或是"产生影响"这样的动词，又是否包含类似"受到影响""回应（responded to）""应对（reacted to）"这样的被动结构？如果存在这种情况，你的提问方式极有可能让你对一系列潜在的答案和结果视而不见。请重新组织语言，避免那些会导致确认偏差的假设。

在这个流程结束时，你的问题应该符合以下几点标准：

- **它们应该清晰、精确，并且不使用行业术语**。如果你的问题让你的同事或导师感到难以理解，说明是**你**（而不是他们）还没有搞懂你的难题到底是什么。也许是你简略的表达隐藏了重要的细节。同样，如果你表述这个难题时用的是行业术语——那些用来彰显"聪明"和"重要性"的词——请用清晰而**脆弱**的语言把它们替换掉。要让你和你的目标读者都能明白你的研究目的是什么，即便这意味着措辞可能不像你想的那样清晰、精炼和简洁。

- **它们应该建立在可验证和可证伪的数据基础上。**你的研究问题应该诚实可靠。这意味着激发它们的应该是事实，而不是猜测、偏见或观点。哪些事实激发了这些问题？这些事实可否被验证？在哪里可以被验证，如何验证？你自己是否验证过它们？
- **它们应该不偏向任何结果。**最好的研究问题是开放的、不可知的、无偏见的。换句话说，一个研究问题不应预设某个特定的答案。如果你的问题做了预设，那么请你重写一遍，消除预设。
- **它们应该有明确的研究对象。**你的问题不应该依赖于宽泛的身份类别，比如"学生""女性""欧洲人""巴西人""基督徒"等。根据以上建议，尽可能具体地描述你问题中那个"谁"

是谁。

- **它们应该是原始的和不被限制的**。至少目前应该是这样。虽然我们鼓励你将列表中的**每个**问题都问得尽可能精确、详细和切合实际，但是请记住，总体来说，你的问题列表在这个阶段不需要过于精练或连贯。如果你觉得这些问题问得比较随意，就**让它们保持随意**。如果它们看起来互不相关，**就让它们保持不相关**。

常见错误

· 提出有诱导性的问题，它们的措辞就预设了答案。这些问题是由未经证明的假设激发出来的，并会导致验证性偏差[1]。提出有诱导性的问题，你就会不可避免地只能找到自己想要寻找的东西（参考后面那个"X 如何影响 Y"的例子）。

· 提出倡议性问题，宣扬某种特定的价值观（误以为它是全球普适的观点）或某种做法。这类问题选择了一个立场，并鼓励其他人也选择它，而罔顾相关案例的真实情况或事实证据支持的合理解释方式。比如，"为什么在解读琼·狄迪恩[2]的小说时，'女权主义'的分析方法比'浪漫主义'更合适？"

· 强迫你的所有问题都"有意义"。别担心，我们很快就会讲到这一点。

诱导性问题普遍存在，它们会使研究过程产生很

---

[1]. confirmation bias，心理学术语，指当人确立了某个信念或观念时，在收集信息、分析信息的过程中，就会不由自主地寻找能够支持这个信念或观念的证据。
[2]. Joan Didion，1934—2021，美国随笔作家和小说家。

大的偏差。因此，有一个案例值得我们看一下。

你应该见过跟下面这个类似的问题：**X 是如何影响 Y 的**？比如：

> 路易十六颁布的灾难性税收政策，是如何在 18 世纪 80 年代削弱了民众对贵族的普遍支持，并为法国大革命铺平了道路？

天啊，这是一个"调教过"的问题！能提出这个问题的人，首先要对法国历史有一定程度的了解。

但你不妨再读一遍。发现症结了吗？当我们提出"X 如何影响 Y"这样的问题时，预设的答案是"X 的确影响了 Y"，留给我们的问题就只剩下了**如何影响以及影响有多大**。以这种方式提出的问题会存在一个隐患。研究人员此时还没有认定这样的影响的确存在，而这个问题的措辞方式使得"X 完全没有影响 Y"的可能性被提前排除了。如果最后证明的确没有影响，你写出来的就只能是一篇很短的论文。

让我们假设你的直觉告诉你 X **的确**影响了 Y。有这个可能。然而，现在你还没有做研究，你还无法知道结果到底是什么。之所以需要避免以这种方式提出问题，是因为你可能为了使自己的问题成立，而不得不需要这个"影响"。你将不可避免地在原始资料中找到一些关于"影响"的似是而非的证据，这不仅误导你的读者，也误导你自己。

如果你在自己的问题中发现了某些缺点，请试着进行修改。如果你的问题是由话题伪装而成的，请重新措辞或调整句式。如果你的问题使用了抽象的名词、形容词或副词，请用更具体的词语把它们替换掉。在表达你的问题时，注意不要使用任何概括性的词语。如果你选择的动词让你对研究过早下了定论，请把它们也换掉。

试试看
使用原始资料来"调教"你的问题

—

目标：学会使用关键词搜索法来改进或"调教"你提出的与话题有关的问题。通过这样的搜索找到的相关原始资料，会包含一些你此前没有意识到的新关键词（让你能够做后续的搜索，去发现更多、更有用的原始资料）。

你在上一个练习中所做的语言诊断只是第一步，它会帮你在提出问题时避免一些常见的错误。而这一个练习将要求你回到自己的特定主题，回到自己的原始资料。

到目前为止，我们一直让你与原始资料保持一定的距离。在第一章的"搜索自己"那个练习中，我们特意提示了你**不要**沉浸于那些资料。现在，我们鼓励你投入那些资料，但投入的方法和你预想的不同。我们不是让你利用原始资料来回答自己提出的那些问题，而是利用它们来发展、完善和扩展你的问题。你最终会需要用原始资料来回答问题，但在这个早期阶段，我们认为在你投入大量的时间和精力寻找答案之前，还是需要继续完善你的问题。

该如何利用原始资料对问题进行改进和"调教"呢？方法很简单：原始资料会提示**其他**资料的存在，让你接触到那些能帮你问出更成熟的问题的资料。相反，研究者如果草率地确定研究问题，试图立即开始利用资料回答问题，则很可能把自己拘禁在知识和经验的泡沫当中。

让我们假设你对下列话题中的任意一个感兴趣：

- 20 世纪初的非裔美国文学
- 人工智能的历史
- 20 世纪的香港饮食文化

让我们继续假设，你已经完成了将最初的话题发展为一系列具体问题的艰难工作，目前正在收集和探索资料。你首先搜索的是一个历史报刊电子数据库，里面可以搜到来自全球各地的数百种期刊的完整文本。

但你遇到了一个障碍。所有关于**"香港 & 食物"**的搜索结果都是在 20 世纪 50 年代之后发表的。如果以**"非裔美国人 & 文学"**为关键词进行搜索，可以找到很多 20 世纪 80 年代之后的文章和报道，但几乎没

第二章 从问题到难题

有什么在那之前的资料。搜索"**人工智能**"可以得到大量20世纪80年代以后的资料，之前的也几乎没有。

怎么回事？你的常识告诉你，非裔美国作家早在1900年前后就出现了，香港饮食文化的兴起也早于20世纪50年代，而对人工智能的研究也是在20世纪80年代之前就开始了。为什么你搜索不到呢？

就这几个案例而言，原因很简单：你使用的关键词指向了错误的时代。也就是说，你搜索资料时用的都是人们在**此时此地**用来形容这些身份、地点和主题的语言。但是在过去，在其他地区，人们不这么说。"人工智能"是**我们现在**用来形容计算机科学的一个分支的词，但**不一定是当时开创这个领域的科学家们所使用的**。他们更经常使用诸如"系统思考""机器智能"这样的一些词。香港 (Hong Kong) 作为一个地名已经使用很久了，但它的**英文拼写**经历过很大的变化（几十年前，你更有可能看到它被拼成"Hong-Kong"，中间有一个连字符，或者拼成"Hongkong"，合并成一个单词）。同样，"非裔美国人"这个称呼是在20世纪80年代才开始流行起来的，在那之前你可能会听到诸如"美国黑人""尼格罗""有色人"等称呼，许多词在今天会令人觉得深受冒犯。

所以，在这个搜索原始资料的最初阶段，你的主要目标其实不是开始回答问题，而是通过你找到的资料去发现更多你原先不知道的新的关键词。你可以将这些词用到自己的研究中，以便**解锁更多、更好的资料，找到更多、更好的关键词**。最重要的是，你能**提出更多、更好的问题**。

这听起来是个令人望而却步的建议。毕竟，就算你的搜索词是"不完美的"，它们也已经产生了几千甚至几万个搜索结果。你**真的**希望阅读、记录并且引用**更多**的资料吗？

并不需要这么做。而且你不必害怕，我们会教你如何做资料管理。现在你的目标是找出搜索词中有哪些疏漏，以便把那些假性的结果排除掉。从宏观角度来看，通过消除盲点，你将更好地把握自己的话题。

每次做关键词搜索时，都不妨问问自己：我是否应该使用其他搜索词？现有的搜索词是否存在不同的拼写方式？你必须尽最大可能确保，你的搜索结果代表了大部分可获取的原始资料，而不是小范围搜索或粗略搜索的副产品。如果你的搜索结果集中在一个很窄的时间范围内（类似上面的例子），或者只来源于少数几个地方，由少数几个人撰写，这很可能是因为你的搜索方式不对。换句话说，香港在20世纪50年代之前就存在，非裔美国作家在20世纪80年代之前就存在。因此，搜索结果出了问题，一般与"现实"没有关系，而与你的搜索方式有关。如果你不停下来去改进搜索方式，反而急于阅读、记录和引用你找到的现有资料，很遗憾，你的整个研究项目将变得不够完整。

这里有一些技巧，能帮助你利用原始资料来改进关键词搜索。

关键词搜索的艺术和科学：一些小技巧

改进关键词搜索，听起来似乎是个非常简单的过程，但其中存在一个可怕的悖论：你找到的大多数原始资料都包含"当前流行的关键词"，比如"人工智能""非裔美国人""香港（Hong Kong）"等，却**不包含你需要找到的其他关键词**，比如"香港（Hong-Kong或Hongkong）""美国黑人"。大多数情况下，你要么能搜出所有结果，要么结果为零。如果资料里有你搜索的关键词，那它就会出现在你的搜索结果中；如果资料里没有你搜索的关键词，你就搜不出来这份资料。下面我们来教你如何绕过这样的死胡同。

充分利用类别搜索

在某些数据库里，你会幸运地发现资料配有**元数据**（关于数据的数据），它们是由图书管理员和档案管理员制作的，目的是让那些和你一样的研究者更容易发现这些资料。在这种情况下，你可能会找到一条包含了术语"人工智能"的资料，然后发现它在数据库中也被"标记"了相同的关键词。通过点击标签，你可以访问该数据库中**其他所有**被做了同样标记的原始资料，包括那些根本不包含"人工智能"这个术语的资料！想从**仅包含**你搜索的关键词的资料，跳转到另一条**不包含**你的关键词的资料，这是方法之一。

你可以这么做：在搜索完成并获取了一些结果后，按时间顺序整理好这些结果，然后只研究那些发表于20世纪80年代**之前**的资料——也就是在你的初次搜索中看似消失了的那部分内容。在快速浏览这些资料的标题时，请留意它们使用了哪些术语。如果可以在线阅读这些资料，请看一下它们的目录、前言、简介和检索部分。它们使用了哪些词汇和术语？如果把这些词和短语用于数据库搜索，是否能帮你搜出用之前的关键词找不到的一些资料？**它们就是你的新关键词。把它们写下来。**

顺便说一下，元数据也是语境的产物，不能把它当作确定性的东西。任何分类，包括那些由图书管理员和档案管理员创建的分类，都是一种文化结构，因此不能被当作某个主题的最终定论。永远记住，还有更多资料等待你去发现，没有人可以帮你完成这项工作。

寻找自述式资料

在某些情况下，你可能会幸运地找到这样一类原始资料（比如一本历史词典），它明确地说明了资料所涉及的话题在名称上的变化，为你概述出一个特定的观点、地区、社区、实践或其他事物在不同时代和地理环境中的不同命名方式。这样的时刻让人感到惊喜，因为它们打开了无数道门，研究者只需要走进去就可以了！

但是，即使有这样的原始资料，你也要记住，任何原始资料都有其自身的局限性。没有任何一份资料可以把有助于搜索的所有术语变形都记录下来。没有任何一份资料（正如我们下面所解释的那样）可以被当作该主题的最终定论。始终需要由你来确定该资料是否具备实证准确性。每份资料都有它自己的立场、世界观和视角。但你当前要做的是寻找更多具备后续联想力的关键词。就这个意图而言，无论资料的数据或结论是否正确，它对你来说都有价值。所以，你可以暂时搁置在上述问题上对它的判断。当前的目标，是确定该资料是否能引导你找到你原本无法搜索到的更多原始资料。

记录你的关键词和搜索

当你发现并尝试搜索越来越多的关键词时——即便是一个小规模的项目，也可以生成几百个关键词——你很容易被大量资料淹没，对它们失去掌控。因此，这个阶段的另一个重要方面就是单调乏味的资料记录工作。

我之前搜过这个关键词吗？不记得了。我在这个数据库里搜过吗？不确定。我最后一次在这个数据库里搜索这个关键词是什么时候？不知道。

错失资料的可能性是真实存在的，因为数据库在不断地更新和扩大，而有些项目要花几个月甚至几年的时间才能完成。你可以想象自己会浪费多少时间在重复搜索已经搜过的资料上。

幸运的是，有一个办法可以帮你轻松解决这个问题——用一个表格来记录你所有的搜索结果（见表2）。具体做法分为三步：

1. 在表格最左侧那一列输入你打算用来搜索的关键词。
2. 在表头行输入你准备搜索的数据库或图书馆目录的名字。
3. 在每一格中记录下每次搜索的具体时间。输入搜索的日期，也可以加上搜索结果的数量。

这样做的好处是能省下大把时间，也能取得更好的研究结果：因为你只需要看一眼表格，就能知道哪些关键词已经搜过，哪些还需要搜索。

表2　记录你的关键词搜索

	数据库1	数据库2	……	……	根据需要增加更多列
关键词1	□	√ 2023年9月30日			
关键词2	√ 2023年9月27日	□			
……					
……					
……					
……					
根据需要增加更多行					

请登录网站 whereresearchbegins.com，你将收获更多搜索关键词和制作记录表的方法，并下载到表2的模板。

随着你不断使用原始资料来"调教"你的问题，会出现两种对你有利的情况：第一种是，**通过搜索，你回答了一些问题**。第二种是，**你发现一些问题实际上并不值得回答**。也就是说，你发现你起初的一些问题可以被删去。这正是你想要的结果。

这个过程是奇妙的。通过对自己的问题进行压力测试，你对自己的研究对象也有了更多了解。随着获得的信息越来越多，你对于该主题的**直觉能力**也在不断增强。因为在"调教你的问题"的同时，你也调教了自己的直觉能力。当一个有经验的技师说"传动装置听起来有点问题"时，你会认真地听他说，因为你知道他检测故障的水平非常高超。而对于作为普通司机的我们来说，即使噪音再大，我们也只会提出"怎么了？"这样的一般性问题。调教你的问题可以让你专注于"真正的"问题，同时愉快地抛弃那些天真无知的问题。

试试看
让你的假设浮出水面

—

目标：了解你对你的研究项目所持的假设，并用它们来识别激发出你的研究问题的那个难题。

现在，你已经利用上述两种方法对你的问题进行了分析，还有一件事需要你做：找到潜藏在你的问题之下的假设，让它们浮出水面，并坦然接受。

你不是一张白纸。在你找到你的话题并提出你的问题时，你持有多种假设。这很自然——而且事实上是件好事。毕竟，正因为有这些假设，你才会对这个话题**感兴趣**，才会认为你的问题**适合你**。每个人在开始一段旅程时都不是赤手空拳。

欢迎来领取自己的"行李"。

有些老师会把"粉碎"你对世界所抱持的"幻想"当成自己的使命。

你认为维京人是一帮四处抢掠的野蛮人？让我揭开你眼前这层无知的面纱吧！

你认为日本是个同质化的社会？看我怎样将你的

偏见化为尘埃!

在很多教学和研究的情境里,消除错误认知都是有用的。但是,这个消除的过程无论多么善意,都可能引发一定程度的抑制效应。目睹研究伙伴或同学被"纠正观点",会让其他人保持沉默,以免出糗。对于研究者来说,这种"纠正观点"的做法还可能让他们把所有假设都当成敌人——认为它们是可耻的,需要藏起来;认为它们是需要克服的障碍,或是自己无能的证据。这种念头会抑制研究者的创造力。

以自我为中心的研究则对"假设"持有完全不同的看法:

1. 假设应该浮出水面,并因此保持脆弱。
2. 假设不应该被污名化、被消音,或被驱逐到阴暗的角落,因为你一定想不到,这么做只会让你对它们产生更多的执念。
3. 假设是用于消耗的燃料。利用假设,你可以实现两个目标:你将朝着一个新的方向迈进,并在这个过程中消耗自己原有的假设(意味着你将需要新的燃料)。

你对世界的假设——即便是最不成熟和最负面的那些——也能在研究的这个阶段帮助到你。做研究如果没有假设，就好像在一个无风的日子扬帆启航。"假设"是你航行路上的风，你需要驾驭它，来保证自己在正确的航线上航行。

在开始评估自己的假设之前——马上就要进行到这一步了——先感谢它们帮你留意到了一些事情吧。正因有了假设，某些搜索结果才吸引了你的注意。正因有了假设，你才注意到了某份资料中的某个细节。**正因你的假设与真实的世界之间存在差异，你才能提出那么多具体的研究问题**。你的假设塑造了你对现实的期待。当那些期待**没有**得到满足时，你就该多加注意了。

所以，让我们来帮假设浮出水面并保持脆弱吧。下面是具体做法：

1. 回顾你制作的最新一份问题列表，并问自己，就每一个问题而言，哪个部分必须是真实的，我才会先提出这个问题？
2. 列出引起你注意的小问题/小事件，把你最初注意到它们时持有的假设写下来。
3. 制作一份假设清单，列出你对某个具体问题持有的全部假设，并将它们按照下面的几项进行归类：

A. 你目前想使用的假设

B. 你想马上抛弃的假设

C. 你不确定或犹豫不决的假设

4. 对于每一条假设，写两行说明，解释你为什么把它归入某个类别。

5. 现在回到你的问题列表，找到所有包含 A 类假设的问题。由于你在评估之后认为这类假设可以留下，那么，基于这些假设的问题也是可以留用的好问题。

6. 可是潜在假设归属于类别 B 的那些问题怎么办？**先别抛弃它们**，尽管你也许很想这么做！如果你发现它们建立在不令人信服的、含有偏见的或没有根据的假设之上，试着重新组织一下语言，或许结果就不一样了。它们可以被修改得更可靠、更不设限吗？试着在抛弃它们之前先做一些改进。

7. 那些建立在 C 类假设之上的问题，则处于上述两种情况之间。你很可能想把它们保留在列表里，但也许你得给它们做个标记，提醒自己保持对它们的关注，等研究更深入时再来重新判断一下。

为了分析得更有条理，试着为每个问题都创建一个像表 3 这样的表格吧。你可以在这个表格中识别和分析潜在的假设，并根据需要来修改你的问题。

表3　让你的假设浮出水面

研究问题：		
假设（用一句话描述）	类别（A/B/C）	为什么我把这个假设归入这个类别？（用两句话解释）
修改后的研究问题：		

举个例子。想象你注意到并记录下了一段不长的引文，它出现在两个朋友写于 1944 年，也就是二战期间的一封信件中。吸引你的可能是一个特别的片段或是一句话——也许是其中一个朋友说了一个和战争有关的笑话，让你印象非常深刻。

在这个练习里，你的目标是通过思考这段话或这个句子违背了你所持有的哪些假设，来推测它引起你注意的**原因**。请随意推测。你不可能一下子就"完全了解自己",这需要时间。也许你认为,面对这场带走几百万条生命并摧毁了无数人生活的国际冲突,人们根本不可能开得了玩笑。你还可能假设,战争期间的民众总体上厌恶幽默,更愿意采取适合他们处境的严肃姿态。你或许还假设,没有人会以调侃的方式谈论历史上的某些恐怖事件和经历——比如犹太人大屠杀、亚美尼亚种族灭绝和奴隶贸易。

不要去评判它们的好坏,把你会产生这种想法的每一种可能的原因都写下来,即使你并不确定它是不是真正的原因。重点是,不要用负面的方式将你的假设"揭露"出来。你要做的只是让那些看不见却影响了你思考方式的念头浮出水面。

常见错误

·没有识别出或暴露出研究问题背后的假设——可能是由于尴尬、害羞或其他任何原因。请记住,承认这些假设是为了提升自己的思考能力。这里不涉及任何外部评价。

·不打算对那些基于 B 类假设的研究问题进行修改或结构调整。

·轻视或抛弃 C 类假设,没有把它们当作一种自我反思记录进行审阅。请记住,你的假设和真实世界之间的差异可以帮助你提出有用的研究问题。

试试看
识别串联你问题的难题

—

目标：识别出潜藏在你多个拟研究问题之下的那个难题。

现在你已准备好迈出重要的一步。在第一章，你通过"搜索自己"找到了话题范围内的研究问题。现在你需要再搜索自己一次，但这一次请带上更多的自我反思记录。截至目前，你已经完成了好几个小练习，并生成了大量与你的研究项目有关的事实性问题。你现在需要弄明白的是，将这些问题串联起来的难题是什么？

请尝试进行随意但积极的思考。你到目前为止提出的各种问题和记录下的各种片段，彼此之间存在什么样的关系？是什么激发你去搜索这些事实？关于这个话题，你本来可以提出其他一些问题——为什么最后提出的是**这些**？哪些问题看起来是最重要的（而哪些看起来不那么重要）？把这些都搞清楚，你就会实现重大突破：你会发现一个潜在的模式，能将你的所有

（或大部分）问题串联成一个连贯的整体。也就是说，你会找到你的难题。

试着按照下面这几个步骤来做：

1. 把你的所有问题都列出来。
2. 先别试图回答这些问题，而是问问自己：这些问题是否有共同的关注点？如果有，是什么？
3. 跳出你自己的身份。如果以别人的眼光来看这些问题，你认为把这些小问题串联在一起的深层问题是什么？
4. 把这些深层问题写下来。
5. 有必要的话，可以根据问题的具体程度或笼统程度确定其优先级，比如中级或高级。这些深层问题应当比你之前提出的那些具体的事实性问题要笼统一些。

高级的问题不一定能被整合在一起。不要强迫它们彼此串联。但你要在这件事情上花点时间，并且发挥一些创造力。能将两个或两个以上问题串联起来的那个总类目是什么？它们之间的关联不是立马就能找到的，寻找的过程也许需要你进行反直觉的思考。

第二章 从问题到难题

常见错误

·直接开始回答问题,而没有专注于寻找它们的共同关注点。

·没有跳出具体话题或案例的局限去思考,并且忽视了一个更为基本的关注点。

智囊团：请人帮助寻找原始资料

如果你刚刚开始寻找自己的难题，或者还在验证你找到的难题是否真正适合自己，那么现在还不到你与智囊团讨论假设的时候。正如我们之前提到的，专家和权威会倾向于对我们那些"坏的"假设进行"纠偏"。这种反应很普遍，所以你很可能会希望将你们的谈话推后一些。

智囊团在这个阶段能够帮到你的，是寻找可以"调教"你的问题的原始资料。我们在前文提供过一些数据库（见第 38 页），供你在这一章的练习中使用。向你的智囊团介绍这些练习，并针对你可能需要用到的其他数据库、档案目录或原始资料存储库等，征询他们的建议。

你有一个难题

现在,你已经仔细审视了自己提出的许多事实性问题,并根据它们的不同关注点,把它们归进了不同的总类目。你生成了一批由这些关注点所激发的更高等级的问题。其中有一个主要关注点可能会突然自行闪现,或让你直觉地察觉到它。它遮蔽了其他关注点的光芒。但也有可能,你仍在努力寻找其中对你而言最为重要的那一个。如果你认为自己还没有积累足够多的自我反思记录,你当然可以再做一遍本章的练习。但即使你认为记录已经足够了,你可能依旧感到困惑:怎么才能知道我是否发现了自己真正的难题?

难题绝不是转瞬即逝的东西。相反,它是持续且持久的。你不可以随意地轻视或忽略它。弗里达·卡罗[1]因受到一个难题的驱使,画出了超现实主义的自画像。在音乐界,同样是因为受到了某个难题的驱使,约翰·柯川[2]创作出了专辑《崇高的爱》,比莉·哈乐黛唱出了《奇异果实》[3]。鲍勃·迪伦[4]之所以

---

1. Frida Kahlo,1907—1954,墨西哥女画家,以个人自画像出名。
2. John Coltrane,1926—1967,美国爵士萨克斯风表演者和作曲家。《崇高的爱》(*A Love Supreme*)被普遍认为是他的代表作,甚至被认为是史上最伟大的专辑之一。
3. Billie Holiday,1915—1959,美国爵士歌手及作曲家。《奇异果实》(*Strange Fruit*)是其代表作品之一。
4. Bob Dylan,1941 年出生,美国创作歌手、艺术家和作家,2016 年因其为美国歌曲传统带来的全新诗意表达而获得诺贝尔文学奖。

进入了他的"蓝色时期"[1]，也是因为一个难题。对研究者来说同样如此。

难题是好东西。拥有它、担心它、认真琢磨它的过程都是有积极意义的。我们随身携带的这些难题，可以被视为漫长人生路上，我们在与存在本身产生摩擦时所迸发的富有创造力的火花。

不过，最终的决定只能由你做出。只有你知道，目前已经提出的这些精彩问题，是否可以构成一个难题，抑或只是复杂而有趣的好奇。

你可能有多个难题，但让我们暂时先一次研究一个。我们会在最后一章谈到如何处理你的其他难题。

---

1. "蓝色时期"原指画家毕加索（Pablo Picasso）在 1901—1904 年期间用蓝色、蓝绿色为主色创作了一系列画作，使该时期作品带有肃穆、忧郁的感觉。这里指鲍勃·迪伦开始艺术创作。

第 三 章

设计一个
可行的项目

**DESIGNING A PROJECT
THAT WORKS**

你已经找到了自己的难题，现在要确认利用现有资源可以实现什么，尤其要考虑你需要多少原始资料来回答问题与解决难题，需要多少资源（包括时间）才能把它们整合成一个研究项目。

这一章讨论的问题既是概念性的也是实用性的：原始资料是什么？哪些是你可以真正获得的？如何挖掘出与话题相关的资料的全部潜在价值？如何透过该资料呈现的表象，找到更具原创性的观点？如何利用这些资料找到自己的难题？根据手头的资料可以提出什么论点？你可以获得多少资料？你有多少时间可以用来分析它们？根据你个人的工作习惯、资源限制和截止日期，应该如何设计你的研究项目？

把一个难题发展为一个项目，需要的不仅仅是逻辑能力。项目设计还需要自我评估和视觉化的能力。什么模式或类型的项目是最适合你的？你希望成品是什么样的？

原始资料及其使用方法（或阅读麦片盒的50种方法）

对原创性研究来说，资料是至关重要的，因此，如何确认、评估和使用资料是非常实际的问题。研究者一般把资料分成两大类：原始资料和二手资料。研究指南通常会把**原始资料**定义为"原创的（original）"材料或者"原材料（raw materials）"。它们是你提出和检验关于现实的主张、假设和理论的证据。不同研究领域使用的原始资料各不相同。对于历史学家来说，原始资料通常可以追溯到他们的研究所关注的那个历史时期，资料的形式既可以是书面的（像是信件和地图），也可以是其他类型的实物。人类学家则可能依赖于口头证言或音频记录。在文学或哲学等领域，原始资料通常是文本。

大多数研究指南以类似的方式定义了**二手资料**。《研究是一门艺术》（第4版）[*The Craft of Research (4th edition)*]一书将它定义为"为学术或专业读者而编写的、基于原始资料的书籍、文章或报告"，研究者可以通过使用这些资料来"跟上本领域的发展"，并通过"挑战他人的结论或方法，提出新的结论"来"框定新难题"。

虽然我们基本上认可这样的定义，但我们想对那些经验丰富的研究者再次强调，过于**绝对化地**理解"原始资料"和"二手资料"的概念是有风险的。我们想建议大家，**不要**把原始资料看成从档案馆或电子资源库里淘到的旧物品和旧文件，也不要把二手资料"利用"原始资料做研究的方式等同于把原材料加工为成品。如果**原始资料**这个术语让你联想到的画面是老旧的手稿、棕褐色的照片、古代陶器的碎片或几个世纪前的剪报，那么你该换个角度来认识它了。

绝对化的定义会妨碍我们搜索资料并确定研究问题，原因有两个：

1. 对你的研究项目来说，任何资料都可以是原始资料、二手资料，或根本不算资料。
2. 一种资料属于哪个类别，完全是由它与你的问题及难题之间的关系来决定的。资料从来不是天生原始的或天生二手的。

如果要给原始资料下一个更准确的定义，它应该是：关于某一特定研究问题的原始资料。

请注意，我们的定义用相对的概念重新限定了资料的"原始"。

以一本出版于 2019 年的美国大学历史教科书为例。根据绝对化的资料定义，它肯定不属于原始资料，因为它引用了多部学术著作。如果有人想了解第一届大陆会议或美国内战的根本原因，他们不会认为本书属于原始资料，因为它不是与这两起历史事件同时代创作的。他们更愿意将它视为二手资料，因为它是在各种原始资料与二手资料的基础上提出了综合性的历史观点。

但是，如果他们的研究问题不是第一届大陆会议或内战的原因，而是**教科书的历史**或 **20 世纪和 21 世纪美国高等教育对内战的表现方式**，那么这本 2019 年的书该属于什么类别的资料呢？尽管出版了还没几年，但是这本在所有情况下都应该被视为"绝对二手"的书，突然摇身一变，成了"原始"资料。于是，这本 2019 年的书将与其他相关的原始资料（也许是 1905

年、1923 年以及 1945 年的大学教科书）一起出现在你的参考书目中。你说不定能读到教科书作者的个人论文，还有可能采访到负责 2019 年教材的学者和编辑。你还可能找到某所大学的课程大纲资源库，进一步研究大学课程在一战后期、二战前夕或民权运动高潮期间是如何解释内战的。

让我们更进一步。正如同一份资料可以在不同情境中成为"原始资料"或"二手资料"，它也可以用完全不同的方式成为"原始资料"。同一份资料可以出现在截然不同的项目的参考书目中，也可以被不同作者用来提出截然不同的问题。

想象一下，在做数据库搜索时，你看到了一个 20 世纪 60 年代的麦片盒。

第三章　设计一个可行的项目　　　　　　　　　　　　　　　　　103

你不知道自己为什么会对这张图产生兴趣，但你现在明白，"不知道"是完全正常的。你出于某种原因，认为它是与你研究兴趣相关的"原始资料"，于是你相信自己的直觉，开始查找它能帮助你回答哪些问题。

你现在面临一个选择：你对待这份资料的方式，将决定你如何找到潜在的问题——是通过狭窄的小径，还是通过宽广的大道。

狭窄的小径会让你很快找到一些显而易见的问题：关于饮食文化，或是关于广告和消费文化的问题。你对自己说，毕竟，这是一盒麦片，我们提出的问题自然应该与食物相关，不是吗？

你这是在把自己的思想装进，呃，一个盒子里[1]。

请记住，作为**原始资料**，一个麦片盒可以在无数**与食物毫不相关的问题上**展现出它的"原始"性。让我们来想想，一个研究者可以用哪些可能的方式来"阅读"一个麦片盒？或者换个说法，我们可以来场头脑风暴，想象一下，有多少不同的研究项目可以把它——一个20世纪60年代的麦片盒——列进资料目录里？

或者让我们做更进一步的思考：对于某个特定的项目来说，

---

1. 英语俚语"think outside the box（跳出盒子思考）"指的是思考问题时能打破惯性思维，摆脱框架的束缚。而本句的"把思想装进盒子里"则暗指用一个框框将自己的思想束缚住。

除了这个麦片盒以外，还可能用到什么**其他的**原始资料？

根据头脑风暴的结果，我们为提出的问题类型起一个名字，假设它可能与我们的一个潜在难题有关。

表4看起来很长，但它只是为了给你做个示范，向你证明基于单个原始资料的研究可以采取多条不同的研究路径。关键是，就算一份资料的"原始"属性看似无可置疑，你依然需要思考，它**为什么**是原始的？

学会这样处理原始资料之后，你在研究上的原创能力将大幅提升。你将不再受限于原始资料的表面价值，也不再只能问出一些浅显的问题。你将具备"跳出麦片盒"思考的能力。

表4 麦片盒挑战：如何对原始资料提出问题

我注意到了什么	我可以提出的问题和关注点	我想寻找的下一份原始资料	与我的难题相关的更广泛的主题和/或问题类型
麦片盒上出现的各种编码（印刷编码、运输编码，或后期会有的条形码）	谁会使用这些编码？它们为什么被印在这个位置？怎样阅读或解码？从何时起麦片盒上出现了此类编码？	激光扫描以及它在物流行业的使用（消费品、运输、邮政系统等）	技术；供应链物流；历史
印在盒子侧面的"营养成分及推荐用量"	这些营养成分和推荐用量是怎么规定的？是谁规定的？	早期在每日食品摄入量方面的医疗和公共健康规定；"卡路里"概念的发现/发明	生物政治学；能量和营养的衡量标准；政府与工业的关系

第三章　设计一个可行的项目　　　　　　　　　　　　　　　　　　　　　105

续表

我注意到了什么	我可以提出的问题和关注点	我想寻找的下一份原始资料	与我的难题相关的更广泛的主题和/或问题类型
常常出现在盒子背面的品牌"故事"	该产品的生产商和消费者想通过它表达对世界的什么看法？对消费者的什么看法？对公司的什么看法？麦片盒背面的故事是否随时间的推移有很大变化？是否与麦片的种类有关（比如，加糖的麦片 vs "健康"麦片）？	其他印有品牌"故事"的消费品包装（孩子的玩具、运动器材、健康和美容产品等）	故事、叙事、语篇；时间：未来和过去
盒子的形状、尺寸和体积	为什么盒子（在组装后或组装前）有这样的重量和尺寸？在交付过程的各个阶段，盒子存放在哪里？存放了多久？它是如何从产地运输到目标市场的？一次能运多少个？	早期集装箱运输的历史	运输；物流；全球资本化
包装上使用的字体	为什么一些字比另一些大？字体是如何选择的？考虑了哪些可能性，又否定了哪些？	低成本、大规模生产的纸质印刷品，如电话簿、小报、心理战传单等	印刷术；设计的历史；设计的等级

续表

我注意到了什么	我可以提出的问题和关注点	我想寻找的下一份原始资料	与我的难题相关的更广泛的主题和/或问题类型
包装上的颜色和符号	影响颜色选择的主要因素是什么？盒子上的符号代表了什么？	一家广告公司在20世纪60年代就颜色如何影响消费行为所撰写的内部报告；这家麦片公司生产的其他产品	颜色心理学
藏在盒盖下面的四色印刷指南	为什么它要藏在购买时看不见的位置？为什么不印在盒子表面？该如何使用它？还有哪些设计是不想让顾客看见的？	其他包装盒上有隐藏设计的消费品或食品	由机器驱动的设计；隐藏性
最佳食用日期	最佳食用日期是如何计算出来的？是谁制定的？在其他国家售卖时，这种麦片的盒子上也会印最佳食用日期吗？	美国食品药品监督管理局（FDA）关于食品保质期计算和让消费者知情的法规	食品安全；政府监管机制（国内/国际）
用来制作盒子的纸料	制作盒子的纸料选择的是哪（几）种树木？是在哪里生产的？一年有多少树木被用于制作这种产品的包装盒？这（仍然）是行业标准吗？	其他用木材或木浆生产出来的物品	环境史；林业

第三章 设计一个可行的项目

续表

我注意到了什么	我可以提出的问题和关注点	我想寻找的下一份原始资料	与我的难题相关的更广泛的主题和/或问题类型
用于给盒子及内部分装袋封口的胶水	制造胶水使用了什么材料？是谁制造的？是怎么选择用这款胶水的？大多数消费者是如何打开盒子的？对于有多少产品会在使用之前变质，制造商预期如何？	公司研发部门对消费习惯的记录；与包装供应商的合同	化工业
用于打开或封上盒子的凸舌	盒子应该怎么使用？有哪些设计曾经考虑过，最终却放弃了？	需要反复打开和密封的其他食品	持久性；使用效果
保存这个麦片盒的档案盒或容器	为什么这个盒子会被保存起来？谁保存了它？如何保存？保存在哪里？它是偶然被保存的，还是为了某个目的被特意保存下来的？	美国档案学会年会上的节目	档案学；文化/历史价值的决定因素；博物馆学
价格标签	这盒麦片标价多少？价格写在哪里，以什么方式呈现？对20世纪60年代的美国消费者来说，这盒麦片属于便宜的、一般价位的，还是昂贵的？这个商品容易买到吗？和它的生产、分销成本比起来，销售价格如何？生产商/批发商/零售商能赚到多少利润？	杂货店和食品生产商的历史档案（可以帮助人们记录基本消费品的价格波动）	经济史；人口统计学；价格策略

试试看
把你的原始资料当作一个麦片盒

—

目标：养成对每一份原始资料都提出多种类型问题的习惯，以帮助你找到那些不明显的、易被忽略的难题。这个技巧不仅能够让你找到你最感兴趣的难题，还可以提升你开展原创性研究的能力。

现在轮到你来试试这个麦片盒挑战了。

利用你在第一章和第二章学到的技巧找出一份资料。它必须对你有非常明确的吸引力——你必须直觉地认为它一定是符合你的研究关注点的"原始"资料。

将表5（见第110页）作为你的指南，尽可能地留意这份资料的不同特征。把它分解成不同的部分，就像我们对麦片盒做的那样。尽可能多地识别出它的不同元素，不要少于十个。别轻易放过自己。如果没有找到类似通用产品代码或条形码的东西，那么你的资料可能是通过其他特征来与更庞大的系统或标准化体系产生联系的。它也许不包含过敏警告或营养成分表，但很可能"身陷"一个更庞大的政治、经济、社会文化或你关注的其他话语体系之中。你需要从麦片盒的例子中总结和推导出规律，因为你的资料很可能不具备麦片盒所包含的大部分**具体**特征。

在填写表格的第一列时，尽量专注于资料的某一具体特征，想象自己可以提出哪些问题。把思路打开。推动自己去思考，不要太快结束。如果所有的"潜在问题"都只是关于"麦片"的，那你应该意识到，你还不够努力。如果能让大脑放松，认真做这个练习，你将很快能够提出有质的飞跃的问题。把这些问题都填入第二列。

现在想一想，在特征与问题匹配上之后，你需要的下一份资料是什么，把它填入表格的第三列。同样不要太快结束思考。给自己一点惊喜。你自认为夸张的想法往往并不夸张。

最后，回到你已日益熟练的自我反思环节，问问自己：

- 在这些"特征 - 问题 - 资料"的三元素组合当中，哪一组最能激发我的兴趣？
- 哪一组让我最为兴奋？如果必须猜一个原因，它是什么？
- 哪一组让我感到无聊？如果必须猜一个原因，它是什么?

· 这说明我的主要关注点是什么?

· 就我的问题和关注点而言,这份资料为什么可以算作"原始资料"?

把这些问题的答案都写下来。

表5 把你的原始资料当作一个麦片盒

我注意到了什么	我可以提出的问题和关注点	我想寻找的下一份原始资料	与我的难题相关的更广泛的主题和/或问题类型

常见错误

·只提出与资料的表层话题相关的不言自明的问题，而不是多种类型的问题。

·提出模糊而笼统的问题，而不是具体且实际的问题。

·提出问题的类型太少——至少要有十个类型。尽量问得有创意，即便可能听起来有点离谱。

·在"我想寻找的下一份原始资料"这一列，只考虑相关领域的资料（比如从 20 世纪 60 年代的麦片盒只联想到食物的历史；你可以在第五章找到更多关于"领域"的介绍）

·在完成这个关于资料观察、生成问题、寻找下一份资料与问题类型的表格后，跳过了两个重要步骤：第一，评估你对那些结果的相关兴趣；第二，把结果写下来。

试试看
想象你的原始资料

—

目标：查看那些你原本没想到去查找原始资料的地方。这样做可以提高研究的完整性、原创性和重要性。

如果你想用原创性的方法来解决你的难题，你就需要去搜索别人没有搜过的地方。

由于网上有大量可供搜索的资料，即便是最有经验的研究者，也容易因此而成为被动的旁观者，任由图书馆和数据库来为自己的资料目录划定边界。毕竟，如果你已经学会了"调教你的问题"，还懂得用前面教你的技巧找出所有可能的关键词，那么你接下来能做的，除了在尽可能多的数据库里搜索这些关键词，并收获几千份原始资料之外，还有什么更重要的呢？

难道现在还不到搜索资料的时候吗？

当下的研究者常犯两个重大错误。他们认为：
1. 研究需要的所有资料都在互联网上。

第三章　设计一个可行的项目

2. 互联网上的所有信息都能被搜索到。

其实，电子资源只占原始资料总数目的很小一部分。墨磊宁在斯坦福大学工作，斯坦福的图书馆在资源电子化方面是世界上最先进的机构之一，却也只将斯坦福所有档案和手稿的 1% 做了电子化存储。其余的资料都只以实体形式存在。有一些甚至永远不可能电子化。如果把我们的项目局限在网络与关键词驱动的范围内，我们就忽视了另外 99% 的潜在资料，我们可能**从来都没见过它们，甚至不知道它们的存在。**

研究者常犯的第二个错误按理说就更严重了。当我们允许由数据库和检索结果来决定资料目录的形式和内容时，我们就放弃了作为研究者的主体性。我们不再对研究对象提出批判性的问题，也不再使用我们的创造力和想象力，即便它们都是帮助我们了解研究对象的工具。

不要让关键词搜索为你圈定资料库的边界。试着关上你的笔记本电脑或浏览器，用你大脑中的那双眼睛去**想象**关于研究对象的资料**可能**被存放在哪里；它们的形式和类型**可能**是什么样的；**可能**由谁或哪个机构生产出来。也就是说，不要把自己局限于**是**什么（数据库结果），不妨扩大你的搜索范围，考虑一下那些**可能是**甚至**必须是**的资料。

从多个角度来看，这都是一次特别的练习。我们通常不鼓励研究者做这种练习，因为"编造"假设性资料是不合规的（我们有很正当的理由禁止这么做）。但是这一次，我们将要求你做一点小小的改变。

我们相信这个想象性练习能让伟大的研究者从优秀研究者的群体中脱颖而出。

让我们假设你对20世纪早期纽约工人阶级女性的生活感兴趣。你不做关键词搜索，而是靠在椅子上，看着天花板（或闭上双眼），问你自己：这类人的生平会被记录在哪里？她们的人生痕迹会留在哪里？20世纪20年代的纽约医院会保留病人的记录吗？学校会保留关于学生哪些方面的记录？移民文件里呢？雇主那里呢？结婚证书？洗礼记录？人口普查？犯罪案件？电话簿？你也可以就18世纪20年代的俄罗斯农奴、19世纪20年代奥匈帝国的精英或者今天塞内加尔的学校教师提出类似的问题。

总之一句话：他们的档案会是什么样？

第三章　设计一个可行的项目

　　要回答这些问题，你需要接受一种特别的"调教"（见第二章）。你需要充分了解你要研究的时间和地点（1925年的纽约、1825年的特里亚斯特[1]或2022年的达喀尔[2]），才能知道这些城市的社会生活是如何运转的，以及人们的人生痕迹是怎样形成的。你也许对俄罗斯帝国的刑法历史、美国大学的行政管理或西非海关不感兴趣，因为这些都不是你的研究"话题"或"难题"，但只要对它们稍做了解，就能帮助你想象出你感兴趣的那个群体会在哪里留下他们的存在痕迹。

　　有时候为了挖掘细节，你不得不从更系统化和制度化的角度去思考问题。

　　想象我们每个人在每周、每天，甚至每小时、每分钟所留下的日常生活的所有碎片：使用信用卡的记录，去上学、上班时使用的带身份信息的公交卡，学校年鉴上的照片，节日贺卡，交通罚单和选民登记表，等等。我们在许多不同的场景中留下了数百万条碎片信息。当然，不是所有记录都能被找出来。有一些被

---

1. 特里亚斯特（Trieste），意大利东北部靠近斯洛文尼亚边境的一个港口城市。
2. 达喀尔（Dakar），塞内加尔的首都。

封存在电子保险库中（希望如此），有一些可能不久后就会被销毁。还有一些，即使被找出来，也可能与你的研究并无关联。

但是，总有一些会被找到。

再想象一下，在遥远的未来（比如 2500 年），有一个人试图通过一些原始资料来还原并了解你的生活。如果他对 21 世纪的信用机构、法律体系、选举登记、电子邮件或社交媒体的历史一无所知（或者他虽然了解，却认为这些东西与他的话题无关，于是将其忽略），那么他就会错失很多宝贵的材料。

你现在知道为什么你需要花时间来想象自己的资料了。关键词搜索并不总是一个好的起点，也并不总是能够提供你需要的所有搜索结果。相反，你得先想象资料可能储存在什么地方，**然后**再开始搜索的工作。那时你自然知道该去更多不同的地方寻找。你的"参考文献"中的书目、数据库和档案资源会更多，也更丰富。你会找到更多原始资料，生成更多有用的问题，并以你意想不到的方式将你的研究向更深的层面推进。

完成这个练习的步骤非常简单：

1. 和之前一样，将你的研究问题写下来，写得尽可能准确一些。

2. 开启头脑风暴：对于我的研究问题来说，什么样的资料算是**原始**资料？

3. 尽可能写下多种类型的资料。

4. 选做：如果你还有多余的时间，且不会影响你完成步骤 1 到步骤 3，请试着查找上述资料。如果找到了，请使用麦片盒挑战的方法来分析它们。

常见错误

· 在头脑风暴阶段，只关注你的具体**案例**，而没有从更普遍的类别或制度架构的角度去思考与你案例有关的资料会在哪里。

· 因为资料看起来与你的话题或关键词不相关而将它们排除。

· 担心是否真能找到你想象出来的那些资料。

· 不把一切都写下来。

连点成线：从资料到论点

现在你面前有了一份或几份资料。怎么处理？怎样从资料中生成一个"以论点为驱动的论证"？该从哪里入手？我该记录下什么？

这些都是好问题，但还不止这些。

你面临的研究方法的挑战，既有实践方面的，也有伦理方面的：

1. 要做好这个研究，我需要多少资料？哪些类型的资料？
2. 我该怎么评估这些资料的可靠性与实用性？
3. 我该怎么识别和排除不相关的资料？
4. 我该怎么确定这些资料互相联系的方式？
5. 我该怎么使用不同资料来生成论点？对于这些论点，我又该怎么表达自己确信或怀疑的程度？

这些问题的来势太凶猛了，不妨让我们先来思考如何把点连成线。

我们小时候经常玩那种游戏盒里的或者书里的谜题。有人设计了这些题目，然后把它们包装成各种游戏呈现在我们面前，比如单词搜索、拼图游戏、换位构词游戏等。设计人预先知晓答案，为了测试我们的脑力或是帮助我们打发时间，制作了这些谜题。

还记得"连点成线"的游戏吗？纸上画着很多小点，每个点的旁边都标着数字，解题者需要画出一条条直线，将 1 号点与 2 号点、2 号点与 3 号点……依次连接起来。在连接所有的几十个点之后，隐藏的图案就现身了。有时候，隐藏图案会是一个问题的答案，比如，"世界上最大的动物是什么？"

图上画的是什么？

如果你面前不是一个"连点成线"的题目，而是下面这样呢？

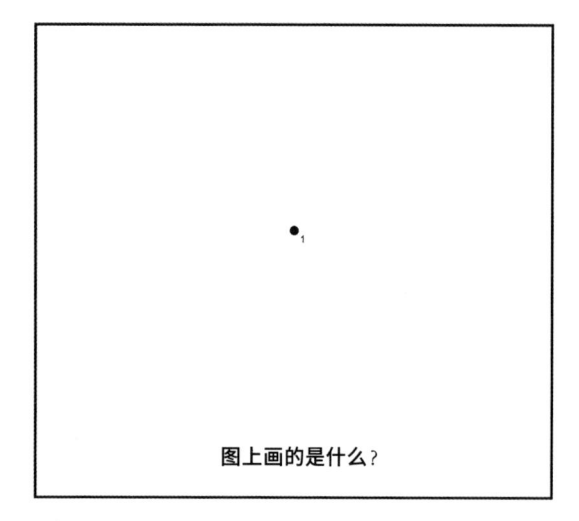

图上画的是什么？

发现其中的问题了吧：穿过一个点（比如，一份资料），你可以画出无数条线，这意味着基于单个资料，你可以画出任何图案——也就是提出任何论点。

即便有两个或三个点，这个谜题依然是**不受约束**的。

如果只有一个点，或寥寥几个点，你该如何去连接？你该如何写出自己的解读和论点——也就是把点连起来的线？如果一开始只有一个、两个或三个点，该怎么办？你可能非常急切地想要进入"以论点为驱动的论证"阶段，但你目前做得到吗？

你做不到，也不应该试图去做。

在研究的早期阶段，当你面临着不计其数的潜在问题和解读方式时，任何将点连接成线的尝试都反而会拖延时间。谜题在此时是不可解的。对研究者来说，穿过少数几个"点"（即资料）的，可以是无数条"线"（即所有可能的叙事和解读）。

不过，我们想给你上的这一课，并不是让你去寻找大量资料，以便将这些点连起来，形成好的论点。我们的这一课要重要得多。

随着时间流逝，我们发现谜题不再包装好放在我们面前，等待我们去解答。相反，最大的挑战不再是解决问题，而是**创造出**不平凡、没有预设、开放且有意义（不管最终答案如何）的谜题。为了创造谜题，我们需要去构想和识别未知的东西。

举个例子。当今工程领域的挑战性问题，比如自动驾驶汽车或人工智能，都不再是填空或拼图式的问题。它们连正确的提问方式都还没找到，更别说被解决了。我们应该怎样把人类的复杂体验转换为机器可读的数据？我们应该如何把诸如"生"与"死"的概念转变为一组稳定且可比较的"生命事件"，以便机器能捕捉到它们并进行数字化处理？哪种人类行为是可以使用算法进行预测和干预的？

让我们想一想，如何让研究者也用上连点成线的方法。在一个新项目的开始阶段，研究者会遇到自己的连点成线谜题，但它的游戏规则与前文的鲸鱼游戏或大数据不同。研究者并没有拿到一个设计好的、标有点和数字的、等待解答的谜题，而是需要完成以下步骤：

- **找到连接点！** 和已有答案的谜题不同，你的点并没有在纸上预先排布好，也没有按顺序标上数字。你也许偶然发现了几个点，但大多数的点需要你通过有目的寻找来发现。

- **搞明白哪些点属于你的图案，哪些点属于另一个图案。** 由于所有点都没有标数字，你必须打开思路，构想出几种不同的结果。比如，一位考古学家挖对了地方，找到了一堆恐龙骨头。他很幸运，在一个地方找到了所有骨头，但这些骨头中也许混有其他动物的骨头，即使没有混杂，他也需要弄清哪些骨头与哪些骨头可以连在一起，这样才能重构骨架。他的一位同行面临着类似的问题。这位同行在古墓中挖到了中国古籍。中国古籍通常写在竹简上，然后按顺序用绳子串好。一座墓里可能会有好几部古籍。在地下深埋几个世纪之后，绳子都已断裂，留下了一堆堆杂乱的、写有文字的竹简。考古学家也许能幸运地一次性找到好几个"点",但他们仍然需要将不同的古籍区分开,再把竹简按顺序摆好。所以,即使你已掌握所有的数据点,你还是需要知道该如何分析它们,以便提出正确的解决方案。

- **确定哪些"点"根本不是点,而是污渍。我们称其为"非资料"**。资料之所以是资料,是因为它们能帮助研究者回答某个问题或解决某个难题。它们的用处是相对的——大一点或小一点。你也许会发现,某份资料是"别人的",而不是"你的",因为它只与别人的难题有关。假设有一位天文学家试图发现新的行星、星系或黑洞,那他就必须在三维空间里隔着遥远的距离去过滤宇宙的噪音。并不是所有东西都可以成为资料。但是同时,你也可能发现起初貌似污渍的东西实际上很有意思。一个点就可能改变整个研究项目的方向。

- **及时完成以上所有任务**。不仅是这些点没有编号,不仅是你需要找到它们,而且,当你开始寻找它们并尝试连线时,你几乎不可能第一个就找到点1,然后找到点2和点3。很可能你第一个发现的是点74,然后是点23……这将使你面临极大的挑战。你需要在不确定自己是否已经掌握全部数据的情况下,开始解读你的数据。你需要参观另一个档案馆,查看另一个数据库,进行又一天的人类学研究,或是又一天的考古挖掘,在化合物分析实验室再做一天实验，再做一个口述历史的采访，或者再听一天采访录音——这些都会在你的纸上增加更多的点。当你的纸上有了越来越多的点，这个图案也就变得越来越清晰。每多一个点，就多了一个约束条件，从而限制可能存在的解读方式的数量。原本可能有无数条解读线穿过你最初的几个点，随着你掌握的数据越来越多，许多条线自行消失了。通过增加并遵守新的约束条件，你进一步接近了自己的答案。

- **确定你何时拥有足够多的点。**显然，有多少个数据点才够——也就是何时停止考古挖掘并开始写报告——会根据项目的不同而变化。在研究的过程中，你将学会把握可能性、自信心和确定性的阈值。

资料无法为自己辩护

在连接项目的某些点（还不是所有点）之前，有一些关于资料使用的伦理方面的问题需要了解。

"成人"谜题区别于儿童游戏的一个地方，是**你可以决定如何连线**。在儿童版谜题中，两个连续的点之间总是画直线。游戏就是这样设计的。然而写作是一种艺术形式，当你构建关于论点和论据的叙事时，当你讲述关于搜索结果的故事时，你可以选择用直线**或**曲线来连接自己的点——你也可以两种同时使用。

想象一下，在某个研究的早期阶段，我们对自己感兴趣的某个历史人物只了解五个基本事实：

- 他出生的日期
- 他成长的城市
- 他接受教育的机构
- 他获得的学位
- 他过世的日期

让我们思考三种可能被用来连接这些点的不同方式：第一，用尺子画的直线（连接紧密，没有任何阐释）；第二，曲线（松散，有一些阐释）；第三，锯齿状的线（极端松散，高度推测性）。

用尺子画的直线

约翰·史密斯出生于1914年，在芝加哥长大。他在伊利诺伊大学获得了工程学学位。他死于1989年。

这几句话就像拿着尺子在我们的实证点之间画直线一样。由于它们"依据事实"，所以免去了任何阐释的必要。与此同时，我们也可以说它缺乏解读力，读起来仿佛一潭死水。

下面来看一个松散一些的例子。

曲线

约翰·史密斯出生于1914年，就在欧洲大战爆发的前夜。他成长于芝加哥，一个繁华的工业中心城市。他在享有盛名的伊利诺伊大学获得了工程学学位。他于1989年过世。

在这段话中，研究者的叙述连接起了（或者说"串起了"）五个点，同时为原文增添了额外的语气和语境。这种补充的背景信息，虽然可被事实验证（第一次世界大战的确是1914年爆发的，芝加哥也的确曾是一个工业中心），但仍代表了作者的一种个人选择，甚至是一种写作策略。史密斯的生活受到了大战的**影响**吗？他的生活受到了芝加哥历史经济状况的**影响**吗？大学的盛名与史密斯的生活有何关联，又是如何关联的？通过使用"过世"这个词，作者是否在暗示他死得非常安详？在这段话里，作者没有用明示的方式向我们传递信息，用的都是**暗示**。作为读者，我们想知道：这些语境之间有关联吗？是合乎情理的关联吗？

下面再看一个极端松散的例子。

锯齿状的线

约翰·史密斯的出生刚好遭逢了一起全球性的重要历史事件——1914年第一次世界大战的爆发；而他的死亡则遭逢

了另外一起——1989年柏林墙的倒塌。他在伊利诺伊大学拿到了工程学学位，这个选择也许和他成长于芝加哥有关。当时芝加哥是由"建造者大比尔"汤普森市长（Mayor "Big Bill the Builder" Thompson）所领导的工业中心。

在这个例子中，作者显然有些过度阐释。尽管他没有写下任何有违**事实**的信息，所有的点都是正确的，并且所有的点都被串起来了，但是，他暗示了一系列值得怀疑的因果关系，也没有提供任何的支持证据。成长在汤普森领导下的芝加哥，是史密斯学习工程学的"原因"吗？史密斯的出生和死亡与欧洲历史事件在时间上的吻合，真的有任何意义吗？（柏林墙是**倒在了他身上**吗？）这种出生年份/去世年份与历史事件吻合的情况，不是有可能发生在任何一个人身上吗？

这里我们可以学到一些重要经验：

1. **资料不能为自己说话，也无法反驳你**。因此，你有责任将它们准确呈现。开始处理原始资料时，你就应该做好伦理方面的决策，呈现资料的第一要务就是尽量忠实。

2. **研究的诚信度要求你不仅要呈现事实，而且不能强行用事实来讲故事**。忠实于资料，指的不仅是实证准确性的问题。像我们在上文看到的，作者即使说的完全是"事实"（柏林墙确实在1989年倒塌了），也依然有可能通过操纵"点"的连接方式，来强迫它们说自己想说的话。

3. **把资料连接成论点这个过程，始终会涉及你对伦理责任**

的选择。不要受骗，不要认为只要处理资料的方式是"直截了当"的或"客观"的，你作为研究人员的义务就完成了。"直截了当"的方法并不完整、完美或始终可取。死板地清点事实也可能产生不良影响，例如忽略了重要的语境，或者压制了某些基本问题。对于研究者来说，连接这些"点"的方式永远是一种主动选择。这里要说的关键不是如何避免或淡化这种责任，而是如何尽可能地做出主动且经得起验证的选择。研究者有责任做出选择——而且必须在每个点上做出选择。

在你对资料做出选择的同时，请注意：即便它们无法为自己说话，也不意味着它们毫无行动能力，只能任由研究者凭自己的意愿去操纵。它们看似沉默，却也拥有某种主体性。

一份资料可能存在下面几种情况：

- 不完整的或碎片化的。以我们的经验来看，大多数资料都是这样的。

- 有意欺骗的——用我们前面的术语来说，就是虚假的"点"。文件可能具有欺骗性，你的受访者、研究对象和观察员都可能撒谎。

- 无意中偏差的。人们以及他们留下的各种形式的言论（文件、录音等形式），都有可能并非故意地具有欺骗性，也许是因为**他们**依赖的信息来源就是不好的或不完整的。

- 有偏见的——人们试图真诚且善意地讲述真相，却因为潜意识中的偏见而歪曲了事实。也许当时他们就是认为太阳绕着地球转。也许他们对人和植物的归类方式有所不同。也许他们鉴于自己的身份会说，"我的文化不相信X"。他们的观点可能是推测性的，也可能是自我投射性的。
- 受某个已知或未知议题的驱使，可能试图说服你采纳某个观点或接受某种思维方式。
- 前后不一致。资料有时可靠，有时不可靠。即使专家也会犯错误。

以上这些可能性解释了为什么优秀的研究者会采取批判式的、搜索式的思维方式。他们意识到，无论资料看起来多可靠或多权威，都需要始终对其保持怀疑的态度。评估资料时，不妨把以上这几点当作一个检查表，并记录你下一步准备做的事情，以便更好地理解资料。

在研究的早期阶段做资料评估时，你还必须记住另外一件事——很重要的一件事：即便你的资料出现了上面列出的某种情况，**它依然对你有用，因此请勿不经思考就将其抛弃**。相反，你要把它加入自己的提问环节：为什么这份资料试图欺骗我？这是什么现象的表征？在生成问题和调教问题的环节，没有所谓"坏的"材料。放射性材料也可以被用来生成能量。如果你遇到一份可疑的资料，不妨用它来生成能量，服务于你的研究。

试试看
用你的资料连点成线（用铅笔）

—

目标：在研究的早期阶段就开始对资料做批判式的思考，同时保持灵活性和包容性。

我们的教学速度似乎超过了你的实际进度？你也许还在就你的话题收集资料，并试图找到它们之间的关联。你可能还在确认，它们对于你的难题来说是否属于原始资料。如果现在就开始对资料做删减，或者给所有点标上序号，按照某种顺序进行排列，会不会太早了？

会，也不会。

必须重申，研究是一个非线性的过程。因此我们一直鼓励你采用虚拟语态来思考自己的观点、问题和资料——思考"**如果……会怎么样？**"的问题。我们希望在真正踏上旅途之前，你能尽量反复想象并重构你的路径。

这其实意味着你必须充分认识研究是什么。比如，你要知道不可能存在现成的研究谜题，你甚至需要**创**

第三章　设计一个可行的项目

建自己的谜题。你要尝试各种不同的可能性，不要草率确定问题或勉强确定一个研究项目。

在这个练习中，你将尝试利用**你的**资料把这些点都连起来，但请用铅笔来连，因为之后你可以擦掉重连。我们假定你会有这个需要。

步骤很简单，但要求你收集目前为止记录下的一些自我反思记录，并思考如何将它们进行整合。请根据你**当前的**进度，把下面这些问题的答案写下来。这是一个需要多次重复的步骤，你得反复地进行修正和更新，所以之后如果有需要的话，可以把它再做一次。

1. 我的点（资料）在哪里？请用上你在"想象你的原始资料"那个练习中写下的信息。

2. 我应该如何确定哪些点属于我的图案，哪些属于别人的图案？这个问题和下个问题都需要你尽可能坦诚地面对激发你兴趣的难题。

3. 我应该如何确定我掌握的哪些东西是我的点，哪些只是污渍？

4. 我应该如何排布我的点，以便创造出一个正确的三维立体图形？把这个问题作为论文初稿写作环节的一部分来考虑：通过把你的资料排布成不同形态，来尝试不同的叙述可能性，观察它们如何彼此关联。当然，关键是不要**勉强地**把它们拼在一起。

5. 我需要多少个点来回答我的问题，解决我的难题，并完成我的项目？这个问题只有你能回答，不过你的智囊团也许可以帮你进行评估。

第三章　设计一个可行的项目

常见错误

· 认为必须掌握**所有**资料才能开始这个阶段。要开始这个阶段，你的确需要一些资料（点），但不是**所有**资料。

· 用水笔来画线，而不是铅笔。你要认识到，你目前在资料之间连的线都是试探性和推测性的。后期你会需要重新评估你的判断。不要认为你必须"坚持"自己最初的想法。

评估你的研究资源

你现在有了一些资料。你已经开始利用它们来思考自己的话题并聚焦于自己的难题。你考虑了一些逻辑和伦理方面的要素，进行了关键词搜索，并留心了如何用资料把点连起来。到目前为止，你应该都处于一个思考的阶段。虽然对于你的研究会将你带向何处这个问题，你仍保持着开放的心态，但你的想法正在逐渐成形。不过，若想将研究想法变成一个真正的项目，你还需要考虑其他的一些资源，包括：

- **时间**。你实际上有多少时间可以用来做研究？你必须在什么时候完成这个项目？你能在这个期限内解答你的研究问题吗？在截止日期之前，还有什么其他事项需要占用你的时间？

- **资金**。这项工作需要花费多少资金？有哪些资金可供你使用？它们可以支持哪些类型的研究？是否足够？如果不够，是否可以调整你的工作，使它既能在财务上过关，也能保留你的核心难题？

- **写作速度**。你是那种可以在紧迫的时间期限内很好地完成工作，快速将研究落实于纸面的人吗？还是你需要时间来思考你的问题？你的研究是否要在紧迫的时间框架内完成才有价值？

- **家庭责任**。你的家庭关系是否会影响你的研究时间？你的家庭责任允许你承担什么类别和数量的研究？你需要照顾家人吗？你是否会将工作分割成更小的单元，分摊到更长的一段时间内去完成？还是你的研究性质需要它在一段较长且不可打断的时间内完成？

- **获取机会**。你能获得开展研究所需的资料吗？你的图书馆是否订阅了你可能需要用到的数据库？你能获得对研究有重要影响的档案、公司文件和私人文书吗？你的研究计划是否在政治上敏感？如果是，你是否能得到许可，去接触你所需要的资料？

- **风险承受能力**。身处战区或火山喷发区的研究者将自己的生命置于危险之中。你的风险承受能力如何？对不适感的忍受力如何？你是否能接受长时间远离医疗设备、水电供应的工作？要实事求是。

- **能力**。你或你的研究团队拥有哪些技能？你会说和阅读哪些语言？你是否具备开展这项研究的必备专业知识？

- **人类对象**。你的研究计划是否包括与处于风险中的群体（如边缘社区或儿童）合作？你是否需要道德委员会批准涉及人类对象的研究？你是否已为该研究涉及保密与数据安全等方面的特殊问题做好了充分和积极的准备？你能否确保研究对象的安全，或者你的工作是否会危及他们的安全？

- **个性**。最抽象但也最重要的一个资源是你的个性。"外向"和"内向"二分法是对人的敏感性做的粗略划分。请思考以下这些关键问题：我在哪种情况下会感到充满活力，在哪种情况下会感到精力不足？频繁的社交互动是否让我精力充沛，还是说我更喜欢独自工作？我的研究实际上需要哪种类型的工作？它涉及长时间的独自阅读吗？还是要从早到晚在实验室工作或者做实地调查？在这种情况下，留给我自己的时间是否会变得很少或根本没有了？

这里的重点是不要对你自己、你的身份和能力做"本质主义"的断定。无论你现在认为自己是个什么样的人，请记住，研究是一个神奇的过程，它可以也经常会挑战研究者，甚至**彻底改造**研究者。如果它令你展现出前所未有的一面，不要感到惊讶。与之类似，有时候一个研究项目对研究者来说会非常重要，他们会因此产生很强的投入意识，甚至愿意走出自己的舒适圈。

你只需要记住：承认自己的局限性并因此做出调整，是完全正常的；同时，不去研究一个可能对你造成伤害的项目，也是完全正常的。

最重要的是，即便放弃某个项目，也不意味着你就放弃了你自己或是你的潜在难题。正如我们之前暗示过，并将在本章进一步讨论的，你有可能在另一个项目中找到你的难题，你对它的探索将同样有意义和有活力。

第三章　设计一个可行的项目

试试看
决策矩阵
—

目标：预想哪个资源要素会对你完成项目产生最大的影响，是积极的还是消极的，然后据此调整你的计划。

表6　资源要素表

时间	家庭责任	能力
资金	获取机会	人类对象
写作速度	风险承受能力	个性

表 6 列出了一些资源要素，你可以参考。此外，你还可以把表 7（见第 139 页）作为你的指南，完成下面几个步骤：

1. 创建一个你目前能想到的所有影响你完成项目的要素清单。尽量列出十到十五个要素。你可以像下面这样描述它们：

·"我喜欢和陌生人谈话。"（个性）

·"我需要在每周一到周五的下午三点钟去接孩

子。"（家庭责任）
- "我的数学很好，我也喜欢统计学。"（能力）
- "如果我能赢得×基金，我就可以做实地研究了。"（资金）

2. 把这些要素归类为积极的或消极的。比如，如果你预计自己的研究将涉及大范围的采访，而你又喜欢社交，能从与陌生人的会面和互动中获得能量，那么你就可以把它归类为积极要素。相反，如果你在社交场合感到紧张，那么这一项也许就可以被归类为消极要素。
3. 根据你认为每个要素可能对你完成项目产生影响的程度，按照高、中或低来标注它们。

关于步骤2，你要记住：当我们说到"积极的"或者"消极的"要素时，我们的目的不是对自己做出评价——内向或外向的性格没有本质上的好坏之分——我们只是在评估你的项目与你本身之间的匹配度。这么做的目的，是对将会影响项目的不同要素做诚实的、不加修饰的清点。

表7 创建一个决策矩阵

高度影响	要素1	要素2	要素3	要素4
积极的				
消极的				
中度影响	要素1	要素2	要素3	要素4
积极的				
消极的				
低度影响	要素1	要素2	要素3	要素4
积极的				
消极的				

请自行加入其他要素，必要时增加你表格的列数。

如果对你有帮助的话，为这些要素各自做一个概述，或者列出"如果……那么……"的场景。

无论选择什么方式，在规划项目所需的资源时，请尽可能详细，并且对自己的能力和局限性保持完全坦诚的态度。明确指出哪些要素会是最具决定性的，哪些会是最不具影响力的。用这个等级表来评估你在不同类型的研究项目上获得成功的可能性，并据此调整你的研究问题。

常见错误

· 低估了完成该项目所需的时间。

· 只列出"专业"方面的要素,而忽视了可能真正影响你进度的个人要素。

· 忽视了伦理方面的要素,比如以人类为对象的研究项目会对参与者造成什么样的影响。

智囊团：你的决策矩阵完整吗？

  在对各种研究场景的实际情况做出评估，并将它们记录进你的决策矩阵后，你可以与你的智囊团进行一次讨论。他们也许能指出一些你不知道的资源或研究工具（或局限性），也可能将你介绍给接触过你想要的档案的人士。与导师进行一次谈话，能有效地帮助你调整研究范围。

两种备选方案

当然，我们希望一切都能达到预期目标，希望你的意向研究进展顺利。但万一不成功，你要准备好选择其他路径。作为研究者，很多时候我们实施的都是这个或那个备选计划。你最好尽早认识到，灵活性也是研究工作的一部分要求。事实上，研究带来的成就感之一，就发生在你战胜了一个挑战，或是敏捷地越过了一个阻止你达成目标的障碍时。

请考虑下面两种情境。

情境1：相同的难题，不同的案例

如果你找到了真正的**难题**，但出于一些现实原因，无法完成自己预想的**研究项目**，该怎么办？

墨磊宁有一门课叫信息史，有一次，一个上这门课的学生来到他的办公室，与他探讨论文要写的话题。这个学生对行动主义、抗议示威感兴趣，还对基于社交媒体的网上组织与线下组织之间的关系感兴趣。如果可以的话，学生应该怎样把这两者联系起来？由于特别关注"黑命贵"[1]运动，所以学生原本提出的问题是，"黑命贵"活动者是如何利用网上的组织技术来支

---

[1] Black Lives Matter，可译作黑人生命也珍贵，抗议针对黑人的暴力和"系统性歧视"的国际维权运动，起源于美国。

持现实生活中的游行示威行动的？

　　学生的话题和问题都很棒，但在具体操作上的困难是显而易见的：如果这个学生花上几个月的时间去采访"黑命贵"活动者，进行人类学研究，进而得到他们的信任，获取他们的个人叙述和记录（文本、电子邮件等），这很可能是个非常精彩的研究项目。但学生只有区区几周的时间来构想和完成这个项目，接触不到私人的资料，也没有进行人类学实地考察的时间，而这样的考察又是构建可信的实证基础的必要条件。这个学生有一些非常好的问题，但现有条件不允许其按照预想的方式完成这个项目。就算是经验丰富的研究者，也无法在短短几周内，既充分考虑研究对象的复杂性，又保证项目的完成。

　　该怎么办？

　　学生和墨磊宁都没有放弃这个难题，他们继续展开讨论，试图触及问题更深的层面。他们没有被诸如"社交媒体"或是"网上组织"这样的术语分散注意力，而是尝试找到它们涉及的潜在关系——这两个术语分别是什么东西的"表面案例"？这个学生的兴趣点本质上是否与推特和脸书有关？（不，不一定有关。）学生是否对其他形式的通信和信息技术感兴趣——比如电话技术甚至电报技术，如果我们要讨论 20 世纪初或 20 世纪 60 年代的"黑命贵"运动的话？（是的。）

　　早期的民权运动呢？学生的研究焦点必须是"黑命贵"吗，可以是历史上更早时期爆发的那些运动吗？（是的，但必须是针对种族平等问题的运动。）

这些问题让学生能够非常快速地找到潜藏在其问题之下的"难题"。

突然之间,这个研究者打开了新世界的大门,这个世界不仅提供了许多可研究的案例,还能保证其核心难题不被改动。自由乘车者[1]、小马丁·路德·金,或者学生非暴力协调委员会[2]在开展活动时是如何使用通信技术的?甘地和凯萨·查维斯[3]又是怎么做的?尤其是,他们不仅要对游行进行事前组织,还要应对"实时发生"的紧急事件:比如在重要成员被捕时,他们需要对紧急情况做出反应,需要在不断变化的环境中保持与新闻媒体的沟通——这些我们在互联网时代习以为常的操作,他们当时是如何做到的?

突然之间,这个项目不再需要花费几年的时间做人类学研究,也不再需要获得政治活动者的私人记录。因为学生意识到了潜藏在其问题之下的难题,也就找到了解决这个难题的不同路径。获得相关原始资料的可能性一下子大大提高,无论它们是以仿品形式存储在附近的图书馆、博物馆和大学档案馆里,还是以电子形式存储在网络档案库里。

这里的关键点是,作为研究者,你得知道自己研究的核心

---

1. Freedom Riders,从 1961 年开始,美国民权活动者乘坐跨州巴士前往种族隔离现象严重的美国南部,检验美国最高法院对波因顿诉弗吉尼亚案(1960)和艾琳·摩尔根诉弗吉尼亚州案(1946)的判决是否落实。这一运动被称为自由乘车者运动。
2. Student Nonviolent Coordinating Committee,简称 SNCC,美国学生在 20 世纪 60 年代成立的参与非裔美国人民权运动的组织。
3. Cesar Chavez,墨西哥裔美国劳工运动者,联合农场工人联盟的领袖。

难题是什么，而不只是看到它的一个"案例"。核心难题就像一本护照，无论你游历到哪个地区、哪个年代，接触到哪个群体，你都不会丢下它。并且，就算这个学生在与墨磊宁探讨之后，碰巧发现了一个之前不知道的关于"黑命贵"的原始资料资源库——刚好可以用来完成其研究项目——这个自我反思的过程也已经让学生明白，究竟研究问题的哪一个部分才是核心关键点。比如，学生不会认为"黑命贵"的组织技巧是前所未有的，而是从此学会将"线上-线下"的二元结构放入一个更广阔的历史情境中（例如技术支持的通信与实地组织）去思考，这都要归功于社交媒体的存在。无论哪一种情况发生，这个学生的研究都会加深其对这个难题的理解。

简而言之，从实际角度进行考量，并不意味着必须放弃原先的理想。不着边际的想象有时会被发展为可行的研究项目。如果你的目标大过资源，别轻易放弃它。你只需回到潜藏在你的问题和项目之下的核心难题，找到另一个可以让你研究的案例。

情境2：同样的话题，不同的项目

如果你的研究项目理论上来说是可行的，但**不适合你来做**，你该怎么办？

正如我们在"黑命贵"的例子中看到的，研究者一旦知晓了自己的核心难题，就可以将它迁移到其他案例中去。你也许认为自己对巴西和女性文学特别感兴趣，但在发掘出自己的核心难题后，你意识到"巴西"和"女性文学"都只是该难题的两个事实案例。这个认识让你能自由地以多种方式重新确定你的研究项目。

不过，比起资源和时间方面的限制，其他一些限制因素对你的案例来说可能更难克服。在为一个难题挑选案例时，还需要考虑研究者的个性问题。也就是说，案例需要适合你本人。让我们假设，你想要了解当代社会边缘群体的内部生活，包括你所在的城市中那些无家可归、露宿街头的人，游荡在铁锈地带[1]的无业年轻人，与心理问题做斗争的人，或是非法移民。作为边缘性群体，他们也许没有能力站出来为自己说话，所有关于他们的叙事都是外界的表达——这让你在情感和理智上都很烦恼。

让我们同时假设你是一个有社交焦虑感的高度内向的人。面对这个很可能需要进行长时间、大范围实地考察的项目，你是否做好了准备？当你需要延长工作时间、远离自己喜爱的人群、远离你的生活轨迹和支援系统时，你是否依旧能保持良好状态？你可以在这样的环境中照顾好自己吗？

如果答案是"可以"，那么这个项目应该就很适合你。如果答案是"也许不行"，那也**不要感到歉疚**。而且更重要的是，**不要试图否认**。你也许担心，放弃了这个项目，就等于放弃了你

---

1. Rust Belt，指美国中西部和东北部一些陷入经济困境的老工业区。

的难题——但事实并非如此。只要你与你的难题非常合拍，也真正理解它的内涵，那么你也许可以在对项目做大幅度调整的同时，**不放弃那个让你感兴趣并受到困扰的难题。**如果不确定该怎么做，你可以进行更多自我反思的练习，来帮助你理解自己的潜在难题。对研究动机有了更深的认识，会反过来让你更轻松地找到另一个吸引你且适合你的项目。

在探讨了项目偏离轨道的几种可能性，以及该如何围绕核心难题做出相应调整之后，现在让我们来考虑要完成项目设计需要涉及的更具体的任务：布置你的工作空间，选择正确的工具，并制定一个适应你需求的工作日程表。

工欲善其事，必先利其器

研究是一门手艺，作为一个手艺人，你需要布置一个自己喜欢的工作室。如果你有朋友是真正的艺术家或音乐人，你应该知道他们有多热爱谈论自己的乐器、工具和自己的工作习惯。油漆工寻找最称手的刷子，小提琴手寻找一根完美的琴弓，双簧管演奏者寻找最好的簧片，吉他手寻找最好的吉他弦。类似的情况还有厨师和刀、渔夫和鱼饵、机修师和机器。

你会感谢自己花时间好好布置了自己的工作环境。因为你会在这个物理空间内待很长的时间，并且会使用里面这些工具。还记得我们在第一章建议你从小处着眼吗？在你布置工作环境时，关注细节非常重要。把一些看似微不足道的地方调整好，你的动力、效率和幸福感都会大幅提升。关注物理环境绝不是一件肤浅的事，因为它影响着你的状态和你的研究。

请根据现有的资源与目标，来判断哪一种研究工具值得投资。你需要做大量采访吗？那你可能需要麦克风、录音器和一个存储与检索系统。你需要在实地考察时做口头笔记吗？那你也许需要购置一个可以将声音转成文本的可靠的软件，还有一块续航时间长的电池。钢琴演奏家投资在钢琴上的钱，也许比我们普通人投资在汽车上的钱都多，因为这对他们来说不算奢侈品。一个经费充足的研究者也许可以通过招聘助手来完成更多工作，但不是每个人都有这个选项。考虑一下你需要什么（想要什么还在其次），这样你布置的工作空间就能做到"随时随地，包您满意"。

当厨师拿的刀和画家拿的笔刷都特别趁手时，准备一顿饭和创作一件艺术品的过程就变得更加愉悦，更加吸引人，有时甚至让人感觉不费吹灰之力。同样的情况也会发生在研究者身上。所以作为研究者的你，应该好好思考一下自己究竟需要什么样的工具和什么样的工作环境。

想让你的工作室顺利运行，你会需要下面提到的几样东西。

合适的工具

如果你习惯手写，那么水笔和铅笔的选择就很重要。铅笔笔芯的石墨是否能写出你想要的质感？会不会字迹不清晰，或者容易折断？水笔和纸面是否适配？墨水会不会洇开（这是否会干扰你）？你的手多久会感到疲劳？为了帮你进入写作状态，你需要一本售价25美元的皮革封面笔记本吗？杂货店售价2美元的玻璃纸包装活页纸，是否也能胜任？即使是这种微小的决策，也可以产生真实的影响。空白本子可能会让你更认真地对待写作，也更愿意投入精力。也许它会带来一种积极意义上的"放慢速度"，鼓励你花更多时间去厘清自己的想法。与之相反，皮革封面的本子则可能让你有些畏缩。在你提笔时，它的价签和设计都似乎在嘲笑你。**你写下的文字最好配得上我**，你简直能听到它在这么说。于是你说服自己，那些瞬间闪过的念头不值得写上去，并为了等待真正"配得上"它的文字而让它一直保持着崭崭如初。能写上去的，必须是完整的思考，必须字字珠玑。你对纸张的选择将你引向了失败。写作和做笔记本身就已经很难了，我们不需要额外的障碍。如果对书写材质不那么毕恭毕敬，也许你可以获益良多。

虽然都是看似微不足道的小事，但你工作环境的任何一个细节都可能降低你的写作欲望和写作效率，甚至影响文章的质量和风格。你记笔记的方式——比如用一个迷你的便笺本——可能让你在潜意识中感到匆忙和拘束，**这会影响你的工作**。你将没有足够的空间去展开想法，你会尽量写得简短。同样，如果记笔记的方式让你感到笨重、不方便（比如无法随身携带的大型速写本），也容易减少你的文字产出。与其他画家、音乐家和手艺人一样，你有充分的理由对你的工具精挑细选。

合适的时间

什么时候写?或者更具体点,一天中的**什么时间**适合你专注于**哪一种类型的写作**?答案因人而异,但是一般说来,在你精力充沛且容易专注时,你应该做那些"重活";当你疲劳或容易分心时,你应该做那些"不费脑"的工作。如果思想比较集中的时段是早上或深夜,那么这就是你写作新内容的最佳时间。相应地,在一天中的其他时段,我们当中的很多人都容易感到疲劳或是容易分心。那么,这些时段就更适合开展不那么需要创造力的写作任务,比如做脚注整理或拼写检查。

写作也分季节。有时你不得不让研究休耕一阵,以便"土地"能够恢复活力。休息一下,去散散步,看一部电影,做做运动,吃顿饭,睡个觉。你也许有一种从工作中"偷取时间"的感觉。但真相是,你的大脑很可能依然思考着写作中的困难点,它甚至在你没有意识到的情况下解开了一些复杂的结。当这种情况发生时(它时常发生!),作者再回到纸页前会感觉有如神助,仿佛有人帮他解决了问题,破解了密码——因为那些看起来极其复杂或难以表述的东西,突然之间就轻松地畅通无阻了。

你也可以邀请某个人,或**某个物件**,把你的文章读给你听。当你不想再读自己的草稿时,请一个朋友帮你大声念出来。或者,如果对最亲密的朋友也不好意思开这个口,不妨使用已经非常成熟的"文本转音频"功能,把你写好的文字转成语音。你可以随意地或坐或站,**倾听**自己的草稿被有时候很滑稽的

"机器音"念出来。你会发现，之前由于太熟悉自己的文稿而无法找到缺点，但在倾听的时候却能立刻发现问题。有些内容听起来"不太对劲"，这会让你回到自己的文稿，找到罪魁祸首，并做出修正。

你还要注意听韵律。你的文章是诗意的、不紧不慢的，还是会有某些部分让人觉得仓促？某些部分是否有些随心所欲？是否在某些地方添加了过多说明，而某些过长的段落还缺少过渡？某个段落是否包含了多个长度相同的句子，急需一些变化？

请记住，当别人阅读你的作品时，他们并非一下子把全文下载到脑中。阅读是一种**体验**，这个体验能否圆满，是由你来决定的。

试试看
"不劳而获"（撰写正式的研究提案）

目标：通过一个突然的、预期之外的冲击，催化你目前为止积累的所有"潜在能量"——也就是说，通过写一份正式而具有前瞻性的研究提案，试着说服某个人资助你的工作。同时，这份研究计划书也会让你的假设更清晰，让你知道别人可能对你的研究有什么兴趣。你肯定觉得写这份提案的时机还不成熟，但请你相信我们：这也是自我反思过程的一部分。

到目前为止，我们一直在敦促你关注内部思考，不要去担忧外部世界。我们敦促你确认并信任自己的直觉感受。即便在你查看搜索结果与原始资料时，你的目标也一直是从内到外地思考你的研究项目，而不是从外到内。

然而，就这个练习而言，你需要成为一个向外的研究者（虽然仅仅是暂时的）。你需要将你一直以来做的内部对话转向外部，将你的项目用尽可能连贯且有说服力的方式介绍给一个虚构的读者。而你需要在完全准备好**之前**就尝试去做这件事情。

你的研究项目的标题是什么？

你的主要研究问题是什么？

为什么其他学者没有提出过这些问题，或没能很好地回答它们？

为了回答你的问题并解决你的难题，你需要哪些原始资料？

警告你（但也会让你安心）：你**不可能**觉得自己准备好了。事实上，你也**不应该**有这样的感觉。毕竟，这个项目只是初具轮廓，你怎么可能解释得清它的重点是什么呢？但你没时间担心这些了。想象一下，这是一次重要考试或招聘面试的当天早上，而由于前一晚突然停电，你的闹钟失效了，你的手机也没电了。你睁开眼睛，突然意识到：**我需要马上出发！**

还没有标题？**立刻想一个！**没有原始资料的最终列表？**现在就做一份！**还没想清楚你的研究的潜在影响力？**张开嘴立刻开始说。舞台的幕布已经拉开，你已站在台上，观众正在等待**。简而言之，你得暂时假装自己在研究的道路上走得比实际距离要远，并且试着说服一个研究资助机构在每年收到的众多优秀申请中选择你的研究。

为什么我们会推荐你做这么一件事？这本书不是关于**自我反思、培养耐心和以自我为中心**的吗？没错，但你要记住两件重要的事。

首先，研究需要想象力。是的，研究还需要其他一些品质，比如竞争力、坚韧性和诚实度。你需要做大量的笔记，同时认真仔细地进行记录维护、事实考证与资料引用的工作。不过，做研究不单是对已有观点进行转写、速记或是依样复制。研究需要你具备对**尚不存在的**现实和观点进行预想的能力。也正因为它们还不存在，**即使做再多的准备工作，**也无法让你感觉"百分百地准备好了"。

简单地说，你**永远不可能**在开始之前做好足够的准备。

无论研究期限是几周还是几年，这句话同样适用。而且，如果你不开始，你将永远无法结束。

这听起来也许有点反常规，但是……

在你开始写一本书的第一页之前，先想一个书名。

在你拍摄纪录片的第一个镜头之前，先想一个片名。

你还可以更进一步。为你还没写完的书写一篇书评。写一段封面推荐语。写一篇言辞犀利的评论，然后再写一篇进行反驳。

还记得我们说过"你的**执行**部分，它能表达，却无法洞察"，以及"你的**直觉**部分，它能洞察，却无法表达"吗？截至目前，我们都聚焦于构建你的直觉能力。正如在研究风水的案例时我们所看到的，如果你**忽略**或**压制**了你的直觉部分，你可能永远无法开始，或者最终执行的是一个错误的计划。但如果你首先**倾听**了自己的直觉，执行部分的工作就要轻松得多。你的洞察力会持续涌现。

是时候把你身上"执行"的那部分请上场了，因为现在你已经知道了它的使命。我们不是要让它压倒你的直觉部分，或用大话把直觉部分踩在脚下，而是让它与直觉部分合作，并为直觉部分服务。

然后，神奇的事情即将发生。起初，每当你写出一个听起来语气确定的句子时，你都会感到不安——因为你内心深处知道，一切都还不够明确。你确定的语气会显得很勉强。你甚至感觉自己是个骗子。

但是，当你继续写下去……一句接着又一句，你不禁停下思考：等等，这还不赖。虽然并非每一句话都值得保留，但这些句子都还不错。你阅读自己的文字，然后意识到：我从来没这么想过。这是一个新的想法。我可能已经发现了什么！这是一种奇妙的感觉，似乎这些文字都是别人写出来的。

实际情况是：当你承受着不得不将一些不成熟的观点表达出来的压力时，你的执行能力会自动接管，并开始生成一个接一个"听起来很有道理"的句子。它会熨平褶皱，填补空白和缺口，建构起段落——在辨别力不强的人看来，作者似乎确实知道他自己在说什么。

你还要记住一点：这个练习**仍然**是自我反思的一部分。它依旧是在"关着门"的情况下进行的。你不必**真的**把这份研究提案交给公众去评判。做这类预想性练习的原因是，虽然你还未充分了解针对该话题的所有学术讨论，但有一类自我反思记录，只有在这种原始的、未经影响的状态下才能创建出来。每一次你推迟自己的"开工时间"，告诉自己，*再看一篇文章！*你都会有另一个粗糙的棱角被磨平，你那新鲜的、充满探索欲的思维模式，会逐渐让位给某些更正式、更"专业"的东西。

打磨的步骤在后头。眼下，你最需要的是表达，以文字的形式，把**你**对一个话题最初的想法，也就是你的议题表达出来。

当我的思维模式还新鲜且充满了探索欲的时候，我最初的想法是什么？我一直没把它们写下来，因为我当时以为自己还没做好准备。这是你作为研究者绝对不想后悔的事情。

完成这个练习，不仅会帮你将这些想法都记录下来，还可以帮你稳固以自己为中心的基石，准备好接受本书下篇提供的下一步行动指导，从而进入更深更广的学术世界。

所以，不妨试试吧。

准备一份研究资助申请，列出自己的研究问题，并论证为何这一研究值得对方资助。逼迫自己用清晰、简明的语言写出一份正式文稿，并注意以下要求：

- 3—5页，1.5倍行距
- 2.5厘米的页边距
- 宋体，12号
- 一周内完成（只提交给你自己！）

写作时要非常自信。没必要向他人透露你对一些想法的不确定。你只需要把自己的问题大声问出来，并清晰地表述自己的难题。大胆一些，即便你感觉一切还不够成熟。

研究提案需要包含以下四个部分（whereresearchbegins.com 网站上有范本可供参考）。

1. **研究背景框架**。用简要的概括将你的读者带入研究项目的时间和空间背景中。假装自己在为一个没有具体面目的评审委员会写论文，你从未见过他们，并且他们可能对你的研究对象不具备同样的专业知识储备。你需要为他们提供简洁但全面的解释，让他们掌握与你的研究事实相关的重点知识和资料框架，并因此欣赏你这个项目的潜在重要性。

2. **目标与研究意向**。把你准备使用原始资料回答的问题陈述出来。如果你列出了多个问题，只要它们能共同形成一个有意义的、连贯的问题群，有助于探索一个具体的、可研究的和有意义的问题，那么也是完全可以的，甚至是非常必要的。这份提案旨在争取资助，更好地开展未来的研究，因此我们鼓励你把项目打造为包含开放性问题的探索性研究。同时，你将在本书下篇提出的、关于你的发现的潜在重要性的案例，也应该在这个部分让你的读者提前了解到。

3. **重要性**。依据你目前对所选领域的理解，阐释你的研究问题的重要性。根据我们所掌握的关于你的话题的信息，你的研究能加深我们对该话题的理解吗？为什么？请记住，既然这份提案针对的是未来的研究，而不是已完结的研究，你就无法合理地证明任何"期望结果"的"重要性"。也就是说，你的研究问题的重要性不能建立在预期答案的基础上，否则你的研究将很可能把你引向一些早已得出的结论。相反，这份提案的重要性必须建立在一个清晰、有意义且具开放性的问题上，并且这个问题是在你研究了原始资料（与二手资料）后提出的。

4. **研究计划**。你准备用哪些具体的原始资料来支持这个项目，它们在哪里？另外，如果你的项目通过了，你也得到了出差资助，你会去哪里做实地调查？你会开展哪些采访活动？你要使用哪些数据库和档案集？（尽量写得具体一些。比如，可能的话，你可以把受访者的名字和档案集的标题写出来。）为了达成研究的目标，你将采用哪种具体的研究方法？为了回答你的问题，你需要收集哪些文本、观察评论，或其他形式的资料？为了理解和解读这些资料，你将使用哪种分析框架？撰写一份包含时间表和研究里程碑列表的统筹计划。

常见错误

·撰写研究提案时,请避免使用最古老的那种拖延技巧:"我只需要再多做一点点研究"。更多的研究留到后面再做吧。现在,请从你**当前的位置**开始思考和写作。

·防卫式写作。当然,你要对读者可能会问什么或质疑什么做出充分预测,但这么做的目的是将他们的注意力吸引到项目的潜在贡献上。不要告诉他们**不能**学到什么,而要告诉他们**能**学到什么。现在是积极思考的时候。

·选择迟疑的、不确定的或道歉性的语气。在构想自己的研究前景时,请充满自信。说"我将会……",而不是"我打算……"。

智囊团：将你的提案分享给值得信任的导师（他们知道这只是一份初稿）

通读你的研究提案。它是否有说服力？关于你的目标、资料、方法和假设，别人会提什么样的问题？对这些问题做一个预测，并据此修改你的文稿。然后——这并非必选项——将它拿给你信任的人看，并征求他们的意见。像我们在前文解释的那样，把这个写作练习的目的说给他们听。这份提案是否有效地说明了该研究的吸引力和重要性？如果你的导师不知道这是**你的**提案，他们是否会愿意资助这位申请者？为什么会，为什么不会？这份提案的哪些部分可以改进？口头或书面的反馈都可以，但有可能的话，约定一次线下的会面来听取他的意见。把他们的建议写下来，然后，一定要在你翻到本书的下篇之前，**根据你所赞同的建议，将提案重写一遍。**

记得向他们表示感谢。

第三章　设计一个可行的项目

你做好启动项目的准备了

现在一切准备就绪了。你思考并厘清了自己的研究动机和研究兴趣。你确定了自己的研究问题，并发现了潜藏在这些问题之下的难题。你知道是哪些假设让你选择了这一研究，并取得了对它们的掌控。

如果你还持有任何怀疑，请把它们记录下来。全部都写下来。但是，你要记住自己还处于草稿阶段，不确定性是自然存在的。实际上，在你的研究完成之前，一切都是预设性的。研究者应该始终保持开放的心态，并根据事实做出改变。如果在这个阶段，你对研究的发展方向感到担忧，那你可以把自己认为有用的练习再做一遍，并检查自己是否犯了一些常见错误。但是别担心，在本书的下篇，你会学到一些更有用的技巧，来帮助你提升表达、评估、测试和重新思考难题的能力。自我反思的过程还没有结束。

现在，再花点时间来回顾你都做了什么。到目前为止，你应该已经很清楚这项研究对你来说意味着什么，以及为什么研究结果如此重要。你也已经采取了一些实用的举措，对原始资料做了初步评估，对自己的能力和局限性做了清点，从你的智囊团那里获得了必要的意见，并选择了最适合你个性的项目类型。你甚至已经写出了研究提案的初稿，用正式的学术语言对你的研究进行了构想。而且，你一直都在写作。

现在是时候启动你的项目了。

下篇
• PART TWO

超越自我

**GET
OVER
YOURSELF**

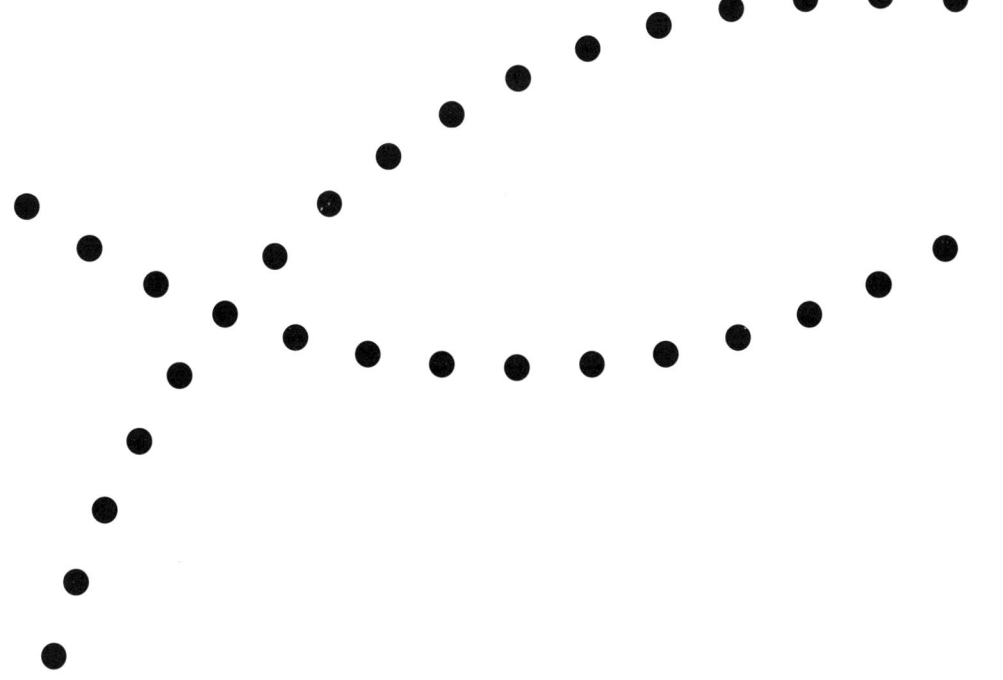

从话题到问题，从问题到难题，再从难题到一个研究项目的开启，尽管这个项目仍处于初始阶段，你却已经创建了自己的研究议题和计划。你让自己的各种假设浮出水面。你确认了研究该难题所涉及的利害关系。你做了可行度测试，评估了你作为一个活生生的人，而不是装在盒子里的大脑，是否适合这个项目。而且你自始至终都不是仅仅在脑中构想；你一直在写作，一直在推进项目的路上大踏步地往前走。你已经完成了最艰难的部分。

你的研究项目对你很有意义，但它对这个世界有意义吗？

要想回答这个问题，你需要面对下一个重大挑战：超越自我。

你已经很努力地对自己做了深入了解——明白了激励你前进的问题和难题是什么，清点了你的预设性想法、你的能力和局限性。但现在你需要冒险**超越**你自己，把所有这些问题和难题都以便于别人理解的方式进行一次翻译。如果你做得好，"你的难题"便将成为"**他们的**难题"。本书下篇跟你分享了一些技巧。如果你能按照这些技巧去做，那么其他人便也会和你一样挂心于你的问题——你的热情也将成为**他们的**热情。

你也许感到好奇：为什么我花了这么多时间深入了解自己，最后却要"超越"我自己？既然我发现了自己的使命，为什么又要放弃？

答案是，你什么也没放弃。"超越自我"不是让你放弃自己在内省过程中获得的所有洞见。完全不是这样。你将继续向内思考，只是你也需要连接上他人的想法。"超越自我"是将一个狭隘意义的"自己"发展成一个更开阔的"自己"。

这个探索、发现和增长的过程，建立在与他人充分沟通的基础上。你会学到新的词汇和语法。即便你们使用的词汇不同，你也会发现共同的语法。探索自己的观点如何连接上他人的想法，绝不会让你**失去**自我，反而能帮助你**更加了解**自我。毕竟，学习第二或第三门语言并不会让你忘记母语。

另一个"超越自我"的原因是完全务实的：即使大部分工作都是独立完成的，我们也不可能生活在只有自己一个人的研究社群中。不管我们是否意识到，一旦启动了一个项目，我们就加入了多场正在进行的对话。其中一些是由我们对于某个难题的共同兴趣所界定的，另一些则由解决难题的方法或难题与特定知识领域的交集所界定。我们创建的任何一个新研究，都必须以前辈和同行的观点为基础。

你将参与的最重要的一场对话，发生在你与话题相同的研究者之间。他们来自一个范围更广的社群——我们通常称其为"领域"。比如雷勤风，他在文学领域——尤其是中国当代文学领域完成了博士阶段的学习，之后将自己的研究和教学拓展到了电影领域。墨磊宁的领域则是历史——中国现代史和技术史。在第五章，我们将讨论畅游于你的领域的几种方法，并带你重新思考"领域"本身的含义。如果没有大胆跳出各自的领域，我们不可能写出这本书。

你将参与的另一场对话将在很大程度上改变你对研究方法的认识。这场对话发生在你与社群中研究相同难题的人之间。由于"以自我为中心的研究"的核心是你的难题，而不是话题，所以本书的下篇将以第四章对"难题集群"的介绍拉开帷幕。

下篇的总体目标是让你意识到其他人的议题和问题如何与我们自己的产生交集，以及如何充分利用这些关系。研究从来不是一场独白，你的研究身份也不是静止不变的。你必须与不同的难题集群进行互动，从而畅游于你的领域（也可能改变或扩大你的领域）。这需要你保持灵活和开放的心态。不过，要与他人进行观点交流，关键还是保持自己的中心感。

下篇会让你的研究旅程进入一个与他人的观点进行更广泛、更深入交流的新阶段。你会开始寻找更吸引人、更有批判性的思考者，他们的研究也与你的更相关。你将再一次对自己的观点、假设和理论进行压力测试，但这一次你用的是别人的观点、假设和理论。你会把别人的观点变成自己的观点。而最终，你会帮助他们把**你的**观点变成**他们的**。

所有这些都要求你拥抱变化。你将在不同对象之间寻找最佳实践方式、共同目标、新数据和新洞见，既不在面对权威时失去自信，也不让别人用他们的议题取代你的议题。你将养成既自信又自觉的个性，同时也对他人的想法保持开放和好奇。这个过程可能会让你非常兴奋。

准备好超越自己吧。

第 四 章

如何找到
你的难题集群

HOW TO FIND YOUR
PROBLEM COLLECTIVE

找到与你有相同难题的研究者

你不是唯一关注这个难题的人。还有其他人也在为它而感到困扰。一些人在相同的刺激驱使下,也正忙于提出问题、收集资料、寻找案例,以及规划项目。他们也许自称为科学家、历史学家、哲学家、考古学家、经济学家、人类学家、绩效研究学者、古典学者、文学研究者或艺术家。他们也许研究的是19世纪初或更早时期的事物。他们也许居住在波哥大、巴尔的摩或者贝鲁特。

其中一些人已经去世了。所谓的"**你的**难题"其实在很久之前是**他们的**难题。你可以从他们那里学到一些东西。而那些仍在世的或尚未出生的人,则能从你这里学到些东西。无论他们是谁,在哪里,你都需要找到他们。但怎么找?

如果图书馆和书店是按照难题(而不是话题)来分区的话,书架上就不会贴诸如"时事""童书""历史"之类的标签。他们会忽略书籍的类型,用一组作者共有的潜在难题来命名每个区域。

想象你走进书店大门。

你：打扰一下。请问你们店里讨论"在一个宣称人们需要购买产品以实现自我表达的体制所主宰的世界里，真实的自我表达能否实现"的作者的那个分区在哪里？

店员：在后面左手边的过道那里，就在探讨"是否能以各个文化的独特解释框架来理解欺骗这一普遍概念，而不受限于以欧洲文化为出发点"的作者那一区的隔壁。

你：非常感谢！

我们都知道，书店不是这么布置的。图书馆、大学院系、政府部门、公司和博物馆……用的都不是这样的组织形式。你花费了这么多力气，从话题进展到问题、难题，最后找到的却是一个令人不安的事实：这个世界总体上是按照——你猜对了——话题来组织的。这听起来很糟糕，因为你发现自己又转回了那个熟悉的、含糊的世界，也就是你最初起步的地方。

你又回到了话题迷宫里。

该怎么办？现在你非常困惑，因为你周围所有主流机构的组织逻辑都让你回到那些大"话题"上，而它们与你的难题没有任何直接联系。在这个以话题为中心的世界里，该如何找到与你有相同难题的研究者？如何找到你的**难题集群**？

"难题集群"这个概念用于在研究过程中发现并创建各种以难题为中心的知识连接和同盟。

一个集群就是一组有着同样的兴趣或规划的人。一个难题集群就是——你猜对了——一组研究相同难题的人，无论他们是彼此合作还是做独立研究。你可以称其为一个帮派、一个部落，或一个社群——具体用什么来比喻并不重要。重要的是，你认识到这个集群是由个体组成的，每个人都有自己的"中心"，所以它的组织形式是分散的、去中心化的，以至于很多人并不知道彼此的存在。这个集群并不是受到共同教条规约的意识形态派系。它不是一支军事队伍，也不是一个宗教团体。

　　难题集群不是对一个专业、一个院系、一个领域或一个学科的另一种称呼。像历史学或政治学这种领域，其实**包括**来自各种难题集群的成员。尽管某个学科领域的成员会拥有许多共同点，但是这个学科领域本身并不由共同的难题来界定范围。找到难题集群的一个好处是，它能把你从自己的学科禁闭室、专业身份和守旧思想里释放出来。正是由于这些东西的束缚，你才一直以为自己的研究议题不能超出学科领域的边界。

　　作为一个社群，难题集群的成员——无论背景、领域和学科是什么——受某个共同的、有深远意义的难题所驱动。这个难题通常不会简单地局限于某个特定的时期或地区。比如，一个与失去、自由、公平或意义有关的难题，关注它的人，有大把的案例可以研究。他们可以随时写出一本哲学著作或一本儿童立体书。难题，尤其是那些涉及普适性主题的难题，会困扰来自不同生活领域，拥有不同个性、世界观和政治立场的人。

一个难题集群也许很小，也许很大。它包括你所在领域的成员（当然也包括你），还包括其他潜在领域的成员（我们会在下一章更详细地介绍"领域"）。考虑到难题集群的成员可能非常分散，考虑到他们不太可能戴着象征身份的徽章，寻找他们的任务可能会令人望而却步。本章将为你提供一些寻找他们的策略。

可是，我们为什么要花力气寻找这个集群？为什么不选择独立研究？为什么不只是聚焦于自己的领域？

答案是，当你找到自己的难题集群时，它能为你提供：

· 你从来没想过的问题

· 你从前不了解的用语

· 你不知道的角度和立场

· 你从来没听过的技术

· 确定性和集体感

难题集群的存在会提醒你，你不是唯一研究这个难题的人，你对它的密切关注是非常正常的。

不止如此。找到难题集群会让你感到充满力量，它给予你许可，让你在提问时敢于超越自己的学科领域。它会带你进入一个研究群体，让你知道自己有权利接触最有智慧的思考者，无论他们活在过去还是现在，都可能和你关注相同的问题。你可以与他们中的任何一个人对话，无论他们对这个问题的关注发生在从前还是现在。

难题集群也会挑战你，让你明白，向他们学习的真正原因不是为了取得漂亮的成绩，不是为了显得博学，也不是为了另辟蹊径地拓展思维。真正的原因是，这些思考者中的某一位，也许，仅仅是也许，掌握着那把解决你的难题的钥匙。

突然之间，你不再因为他们的名气而感到畏惧，也不再介意有人对所谓"学术"的理论与方法表示歧视，因为这种歧视纯粹出于个人偏见，出于一种将"精神生活"与"现实生活"分离的误解。你现在学会了拒绝这种人为的划分，因为你知道，难题与针对难题的研究探索，都和你本人一样，是现实生活的一部分。

不过，让我们向你坦承一件事：找到隐藏于问题之下的难题需要耗费很长时间，找到难题集群的成员也一样费时。有时候需要几个月，有时候需要几年。你很容易在众多资料中、在所有精彩的观点和吸引人的议题中迷失自己。本章为你介绍的技巧，可以帮助你在耗费大量时间研究他人的作品之余，依旧紧紧抓住自己的难题。

为了找到你的难题集群，你首先需要面对研究中最具挑战性的一个问题：*世界是如何命名我的难题的？*

试试看
改动一个变量
—

目标：区分一个难题与关于该难题的一个案例。找出一个研究问题的哪些要素是"不可或缺"的，并利用它们找到你试图解决的那个潜在难题。这样，你将能够更好地识别出与你拥有同一难题的其他研究。

有没有一种办法，就算不能让"意外发现"**必须**发生，也至少可以让它尽早发生？

答案是肯定的。

这个练习会让你学会区分你关注的**难题**与关于该难题的**案例**。案例可以有许多个。一旦掌握了辨别的方法，你就能更好地在其他人的研究中识别出**你的难题**。尤其是那些属于你的难题集群却不属于你的领域的人，他们的**案例**和你的难题有关，但看上去却可能毫无关联。

先尽可能具体地写下你的研究问题吧，无论它们目前是什么形式。每个问题都要尽可能多地包含以下这些变量：

- 时间
- 地点
- 主体 / 主题
- 对象
- 假设

下面是一个示例：

<u>黑豹党</u>是如何在<u>20世纪70年代</u>对<u>北美</u>的流行文化产生影响的，如果有的话？它的影响或无影响向我们传递了关于那个时代的流行文化的什么讯息？

总体上，这是一个具体的问题（尽管我们前面提过，它使用的"影响"一词会对人造成诱导），因为它包含了上述所有变量：

- 时间：20 世纪 70 年代
- 地点：北美
- 主体 / 主题：黑豹党

---

1. Black Panther Party，存在于 1966—1982 年，由非裔美国人组成的黑人民族主义和社会主义政党，旨在促进美国黑人的民权。另外，他们也主张黑人应该有更为积极的正当防卫权利，即使诉诸武力也是合理的。

- 对象：（北美的）流行文化
- 假设：该主体在特定时期内对该对象产生了多种文化影响，其中哪一种是最主要的？

然而，是什么样的难题激发了这个问题，以及研究者可以从什么样的难题集群中获益，这些都不明朗。你可以想象提出问题的人是一个社区活动积极分子、一位比较文学理论家，或者一名研究媒体的学者。其中潜在的"难题"可能更多地涉及媒体或种族问题，也可能更多地涉及"流行"与"高雅"的文化艺术之间的区别。基于难题的不同，各种研究群体都可能被划定为难题集群。

我们的策略是从这个问题的结构入手，有序地改变它的组成要素，一次改动一个变量。在操作过程中，我们必须密切观察自己对于每一个组合产生的思想和情绪上的反应，判断我们对该难题的兴趣和关注度是否有所增强、减弱，还是保持不变。

让我们先从**地点**变量开始改动。

黑豹党是如何在20世纪70年代对<u>南美</u>的流行文化产生影响的，如果有的话？它的影响或无影响向我们传递了关于那个时代的流行文化的什么讯息？

当这个变量发生改动时，你内心是否有任何波动？如果换成下面这句呢？

<u>黑豹党</u>是如何在<u>20世纪70年代</u>对<u>欧洲</u>的<u>流行文化</u>产生影响的，如果有的话？它的影响或无影响向我们传递了关于那个时代的流行文化的什么讯息？

这一次情况如何？如果是下面这句呢？

<u>黑豹党</u>是如何在<u>20世纪70年代</u>对<u>苏联</u>的<u>流行文化</u>产生影响的，如果有的话？它的影响或无影响向我们传递了关于那个时代的流行文化的什么讯息？

这个变量发生改动时，你的内心有什么变化？你对于这个问题的兴奋感是增加还是减少了？也许保持在同样的水平线上？于是有了下面这个最为重要的问题：**为什么**？为什么黑豹党在（比如说）北美的历史对你有如此强大的吸引力，而同样的问题换成苏联、欧洲或南美洲，则变得不那么吸引人了？这是否暗示

了你对黑豹党的关注没有对北美的关注那么强烈？如果是这样，有没有可能你**真正的**那个问题还没有被问出来？你的问题是否缺少什么——需要被补充到你的问题中，使它更忠实地呈现出你真正的关注点？（请记住，针对以上问题的所有答案都提供了非常有用的"自我反思记录"，可以用来引导你的研究。）

现在让我们把**地点**变量改回原来的那个，然后改变**对象**变量：

> 黑豹党是如何在20世纪70年代对北美的<u>女性运动</u>产生影响的，如果有的话？它的影响或无影响向我们传递了关于那个时代的流行文化的什么讯息？

有任何变化吗？换成下面这句怎么样？

> 黑豹党是如何在20世纪70年代对北美的<u>电影制造业</u>产生影响的，如果有的话？它的影响或无影响向我们传递了关于那个时代的流行文化的什么讯息？

这一次情况如何？再换成这一句呢？

<u>黑豹党</u>是如何在<u>20世纪70年代</u>对<u>北美</u>针对枪支管控的态度产生影响的，如果有的话？它的影响或无影响向我们传递了关于那个时代的流行文化的什么讯息？

每当你改动一个变量时（请确保一次**只**改动一个），你要做的都和之前一样，就是问问自己：这样的改动是更好了还是更差了？还是无变化？原因是什么？

显然，你在做替换时需要用上一点常识。如果你问黑豹党对 20 世纪 50 年代北美流行文化的影响，那将毫无意义，因为黑豹党成立于 1966 年。每一次替换都会生成一个新的问题，这个问题必须是有意义的、合理的。请跳过那些听起来很古怪或者根本站不住脚的问题：有些变量就是无法被替换的。不过，如果你发现自己对于 20 世纪 50 年代黑人政治运动在北美的影响**确实**很感兴趣，那也许你的研究问题**不应该聚焦**于黑豹党，而应该聚焦于它的某一个"前辈"。

每当你改动了一个变量时，请向自己提出下列这些问题：

- 我对它的关注度是提高了还是降低了？
- 我有没有失去或得到什么东西？

- 如果非要我猜的话，**为什么**会发生变化（或没有发生变化）？
- 我写出的问题做到尽可能忠实且全面了吗？这个句子**完整**吗，是否缺少某个变量？

在每一个"被改动的变量"旁边做一些笔记，捕捉你内心的变化。写得可以很简单，也可以很详细。无论怎样，要确保记下了每一个变量发生改动时你的关注度的变化。

和之前一样，千万不要自欺欺人。变量改动后，无论你是发觉自己根本不在意，还是感觉失去了什么，都不要在不关心的时候假装关心。如果你感兴趣的是西班牙性别不平等现象的历史，而不是加拿大，那就让自己的研究瞄准相应的目标。

另一种情况是，你也许对西班牙和加拿大的性别不平等现象都感兴趣，甚至感到兴奋，这意味着你的难题很可能并不是由地理位置决定的。如果是这样，那你就有许多案例可以选择。

假设你原本的问题是二战后西雅图的儿童虐待史，当你把变量"儿童虐待"改成"老人虐待"后，你的兴趣消失了。是我出问题了吗？我是没有同理心的人吗？不是。在这件事上，诚实可能会令你不太舒服，甚至难过。但是，你需要向自己承认（也向你的智囊团承认），作为人类和世界公民，你关注老人虐待事件，但是**作为一个正在寻找难题的研究者**，**你并不关注**。出于各种各样的原因，那个在生活中困扰你的难题往往是特定的，而且非常具体——**这很正常**。把这个自我反思记录写下来，再换一个新的变量。

相反，如果你发现自己对儿童虐待和老人虐待的历史**同样**感兴趣，那么这就是一条重要线索。你的主要关注点并不是人生的哪个阶段（童年、老年等），而是那些被普遍判定为"弱势的"人口或社群。

为了测试这种可能性，我们鼓励你想出一些**新的变量**，要么把它们插入你修改过的问句中，和之前的放在一起，要么把之前的某句直接替换掉。如果"人生阶段"这个变量（童年、老年等）被证明是无关的，那就试试把它改为其他变量，比如"生活状况"或"安全等级"：**弱势的、安稳的、非弱势的**。

对于体格健全的中年人，也就是一个国家中的强势群体，你是否有着对儿童/老人虐待史同等的兴趣？如果不是，那么这似乎证明了所谓的"弱势群体"不但只是让你"感兴趣"，而且应该位于你的难题的核心位置。换句话说，这个词**必须**出现在你提的每一个问题当中，才能让你心满意足、兴趣盎然。

在你改动现有变量或增加新变量，做了一系列的组合测试之后，你可以对这个过程做一次盘点，将所有变量划分为下述两个类别。和以往一样，必须写下来。

- **可协商或可替换的变量**。改动这些变量并不影响你对问题的兴趣度。对你来说，涉及地理位置、时间或主体的变量也许是可协商的。
- **不可协商的变量**。这些变量一经改动，即便（表面上）话题保持不变，也会导致你研究兴趣的消失。它们必须留在句子中。

现在来到了生成自我反思记录的关键阶段，这整个练习就是为了帮助你到达这个自我反思的重要时刻。向你自己问出下列问题，并把答案写下来：

- 当我面对这张可协商变量 vs 不可协商变量的清单时，我能否推测出**我的难题**是什么？
- 为什么某些变量的改动让我无动于衷，而另一些的改动却让我害怕？
- 当不止一个"不可协商变量"被留下时，它们之中的哪一个起到了主导作用？

- 到底哪一个是难题？哪一个是关于难题的案例？换句话说，X 是 Y 的案例，还是 Y 是 X 的案例？
- 我起初提出的那个问题是否捕捉到了我的难题，还是说它仅仅是关于我的难题的一个**案例**？
- 如果是后者，是否有办法让我重新表述这个问题，让它在像之前一样具体的前提下，更能阐明我想研究的核心议题？

这不是一个短时间内就能完成的任务，所以不要给自己太大压力。也许通过这个练习你还是不能立刻找到自己的难题。不必勉强自己的大脑做出这个意义重大的发现。但是，这个练习可以让你对第二章所做的"从问题到难题"这一工作有更明晰的认识。

关键是要让你自己养成评估变量的习惯，了解哪些变量对你的研究问题有最重大的意义。一旦有了这个习惯，你的大脑就会在潜意识中帮助你做出判断。在你初次完成这个练习之后的很长一段时间里，你的大脑都会持续自行地做类似的变量替换，在你刷牙的时候，在你上班或上学的途中，甚至在你睡觉的时候。你的发现也会比从前来得更迅速、更清晰。

现在我们来到了下一步，向外拓展，在其他研究者的作品中寻找你的难题。既然已经能区分**难题**与**关于难题的案例**，你就可以开始在其他领域寻找有共同兴趣的人了。如果你意识到了自己的难题并不受限于地区，那么请扩大搜索范围，找到研究地球上其他区域的人。这对时期、学科以及其他关键词也同样适用。可以这么说，有太多人在寻找难题集群时将自己困在了书店的一个角落。运用关键词搜索或类别搜索去寻找难题集群的成员吧。找到一个之后，通过查看他作品中的参考文献列表，你便有可能发现更多线索。

常见错误

· 在有意识地测试变量对兴趣的影响程度时，使用的替换词变化太小，或新旧变量太相近。

· 跳过了对变量是可协商（新问题与旧问题相比，能让你产生相同或更高的关注度）还是不可协商（如果改动了这个变量，研究兴趣便会减少或消失）的评估步骤。

· 替换后的句子是不成立、不合理的（比如年代错误），或者缺乏事实支撑，站不住脚。

· 没有把你对变量是否可协商的评估结果写下来。

· 仅仅把难题和案例的区别应用于自己的工作，而没有用它来寻找其他领域中属于你的难题集群的成员。

试试看
前后章游戏

—

目标：在一个由难题驱动的更大的叙事中想象你的项目，判断在最吸引你的那个话题中，难题是什么。然后找出难题集群的哪些成员对这个叙事做出了贡献。

要想更快地找到你的难题与难题集群，还有一个办法，我们称它为"前后章游戏"。

假设你当前的研究对象——无论它的实际广度与宽度有多大——是一本书的一个章节。这个章节的**前一章**会是什么？**后一章**呢？这本书的书名会是什么？

下面是一个来自现实生活的例子。

一天下午，墨磊宁的中国现代史课上的一个学生，在档案馆看到了一套关于义和团运动的精彩资料。这起复杂、动荡的暴力事件发生在20世纪早期的中国，数十年来一直吸引着历史学家的关注。这些资料生动且有说服力地讲述了一个生活在中国的外国传教士家庭的悲惨故事。他们为了逃避暴力四处躲藏，然而还是在路途中失去了一位家庭成员——一个年幼的孩子。

"我可以讲一个非常吸引人的故事。"学生对墨磊宁说。

果然，学生谈了很多关于中国历史的事情。但随着学生越说越多，他们口中逐渐出现了历史范畴之外的词汇——这些词汇虽然都来自那套资料，但能看出学生的好奇心已经超越了义和团事件本身，甚至超出了中国的范畴——像是"躲藏""避难""逃跑"，以及"危难时期的信息传播"等术语和短语。

墨磊宁邀请学生玩"前后章游戏"。两人首先尝试了最大的那个可能性：学生想写的那本书是关于义和团运动本身的。按照这个设定，学生正在写的章节就会是"传教士"。而前面和后面的章节则可能是，"义和团运动期间的中国劳工"，或者是"义和团运动期间的外国外交官"。你是这么想的吗？墨磊宁问学生，当我说出这个假想的目录时，你是否感觉更兴奋？它让你充满活力，还是让你变得丧气？

变得丧气，学生毫不犹豫地回答。那这就不是使其感兴趣的主要难题。

于是他们又试了一次。如果书名是《隐于中国：一段文化历史》呢？墨磊宁推测到，那么前后章就可能与义和团无关，而是关于中国现代史中有关危机、避难和逃跑的其他案例。前一章也许叫"躲避太平天国叛乱",关注 19 世纪中期的中国内战——太平天国叛乱期间发生的避难和逃跑事件。后一章的标题则可能是"躲藏在朝鲜半岛:中日甲午战争中的难民,1894—1895"。

听起来好一些,学生回应道,但依然有些犹豫。

如果"中国"这个词根本不出现在书名中呢?如果这本书写的是躲藏的文化史,关注的是战争和冲突,但地理上不局限于亚洲或任何一个特定的地方呢?在这本假想的书里,后一章的故事可能会发生在布尔战争[1]期间的南非,或是其他任何地方。

这样就对了!突然间,学生的脸上又有了生机。这个推测越来越接近其核心难题了。

"前后章游戏"的重点**不在于**你的难题必须"成为"智囊团推荐的那一个——那样就完蛋了。不要随意"听从"一条建议,即便它是善意的。这个练习的目的也不是大幅扩展研究,好把大量额外的、复杂的案例囊括进来。

---

1. The Boer War,英国与南非布尔人建立的共和国之间的战争。历史上一共有两次布尔战争:第一次发生在 1880 年至 1881 年,第二次发生在 1899 年至 1902 年。

相反，练习的目的是启动一个思考过程，让研究者从多个不同的角度和维度来检验和二次检验他们的问题。一旦学会在不与导师和其他智囊团成员沟通的情况下独自完成这个练习，研究者就具备了独立监管头脑风暴的能力，可以快速想象出各种目录和书名。最终，总有一个想法会正中目标，而研究者也将明白**他们想探索的究竟是什么。**

现在轮到你来试一次了。请按照下面的步骤操作：

1. 把你的研究想象成一部著作的一个章节，而这本著作讨论的是你的难题。
2. 写一句话来描述你的研究，尽可能简单扼要。把这句话作为"当前章节"的标题——代表你目前正在研究的项目。
3. 现在想象一个关于你的难题的范围更广、篇幅更长的研究，想象它的逻辑进展：在当前章节之前与之后的章节会有什么样的标题？把它们分别写下来。如果想更进一步，你可以思考一下这本假想著作的其余章节可能是关于什么内容的。
4. 给这本书起一个吸引人的、描述性的书名。
5. 现在想出至少两个（理想的话更多个）替换方

案。重复以上步骤，想出当前章节、前一章、后一章以及全书的标题。

6. 将每一本假想著作都填入类似下面这样的表格中。

表8　前后章游戏

书名	
前一章标题	
当前章节标题	
后一章标题	
兴奋程度	低/中/高
为什么有这样的反应	（尽可能详细地评估、描述和推测你对这个想象的方案有什么反应以及原因）

无论你是为一门只上了几周的课程写期末论文，还是从事一个更大的研究，比如毕业论文或是一本书，你都可以从这个练习中获益。因为，它会迫使你在关

于某个话题的广阔世界中思考你的方向，并确保你的研究方法是由你的难题驱动的。

和之前一样，你必须密切关注自己对不同情境的反应，然后把想法**写下来**。那台心电图机又该出场了，把你自己绑上去。在这些假想著作中，哪一本对你有更强的吸引力？你认为原因是什么？你是否对某个书名一点都不感兴趣？为什么？这个练习会改变你对别人或对你自己描述你的项目的方式吗？是怎么改变的？

回答这些问题可以再一次拉近你与你的难题之间的距离，还能让你以难题驱动的方式，去构想该如何让自己的项目进入其他人的学术对话。正如我们在《战争期间躲藏的文化史》这个案例中看到的，原始资料的案例是有关中国的，但难题不是，这就开放了更多可能性。利用"前后章游戏"的结果去思考你的研究方向，你就能超越自己的领域，找到难题集群的其他成员。请把它们写下来，开始新的搜索。

常见错误

· 让自己"喜欢上"导师建议的项目，或因为它与你的话题相关而坚信这是个"毋庸置疑"的选择。避免被权威建议所影响，要相信你的直觉。如果发现自己有丝毫犹豫，请特别留意。

· 忽视认为项目无趣或无聊这种直觉反应，或者没有花时间考虑**为什么**你不喜欢它。不喜欢也是一种线索。

· 因为做了这个想象性练习，就认为自己需要开展一个大规模的项目，但你的能力还远远不达标。记住，这个练习的目的是确定激发你热情的难题，以便你找到难题集群的其他成员。再次强调：写下来，搜索，再写下来！

试试看
绘制你的集群图谱（搜索你的二手资料）

——

目标：通过来自难题集群的一份二手资料找到更多集群内的资源。

完成了"改动一个变量"与"前后章游戏"的练习后，你正处在一个绝佳的位置，可以出去探索，积极地寻找集群成员。"改动一个变量"让你确认了问题中的哪些变量是可选择、可协商、可替代的，而哪些又是绝对重要且不可协商的。并且，就算问题目前的描述方式已经足够吸引人，"改动一个变量"还是为你找到了其他吸引你的变量。即便你不打算研究它们，这个发现依然证明了你的难题要比你的问题范围更大。

现在是时候把你辛苦练出的自我反思能力应用于工作中，对新的关键词展开搜索了，而这一次的搜索对象是**二手资料**。如果你的研究重点是西雅图儿童虐待史（借用之前的例子），但你对多伦多、土耳其和特拉维夫的情况也很感兴趣，不妨开始搜索其他区域的相关研究吧。请在阅读这些文章的同时观察自己的感受。它们对你有没有启发？你的"心电图"数值有没有迅速上升？

如果"改动一个变量"的练习让你发现自己对老人虐待的话题也有兴趣，不妨也去搜索一下。让自己接触相关的书、文章、艺术作品，以及其他类型的资料。阅读它们的时候你有什么感觉？

和本书的第一个练习"搜索自己"一样，你做这件事有双重目的：

1. 阅读这些来自难题集群的著作和文章，了解它们的论点并做笔记。

2. **阅读难题集群的同时也阅读你自己**。如果有的话，观察这些书对你产生了什么影响。

如果它们对你不产生任何影响，这将给你提供一条线索：无论这位作者的研究多么有趣，他也许都不是你的难题集群的成员。但如果你观察到自己的心跳加快，脑中涌现出新问题，这暗示你也许终于有了新发现——**即便这本书或这篇文章看起来与你的案例毫无关联**。

我们无法告诉你什么时候才会有新发现，要花多长时间，以及它是否真的发生了。只有你自己才回答得了这些问题。但我们可以告诉你：如果你做了本书目前为止的所有练习，如果你一直在生成和分析必要的自我反思记录，那么很有可能你已经学会了自我反思与自我感知。做出新发现，需要的正是这两种能力。这里所说的"自我感知"——也就是观察你自己，相信你自己，把"自我反思记录"写在纸上，分析它，然后基于你的新想法规划出后面的步骤——会加快你发现难题集群的速度。

同时请记住：哪怕你只是发现了**一本**书、**一篇**文章、**一份**文件或是**一场**讲座，都足以让你推开这道门。

这是真的，只要你发现了难题集群中一个成员的文章，你就可以从那里起步，找到几十甚至几百个成员，这个过程会变得越来越简单、越来越快速。每一个关于你的难题的新研究都会在它的脚注、尾注和文献目录里为你提供更多的资料来源。阅读它们的目录、摘要、简介和总结部分。快速浏览主体文本。梳理脚注与文献目录。记录下任何吸引你目光的标题，**无论它是否与你的项目存在显性联系**。事实上，这些著作或文章讨论的事实与你的不同——比如不同的地区、人物和时期——正是它们的价值所在。这种不同会让你明白，你如此热衷的难题其实并不仅仅存在于某个时期或地区，它同样困扰着其他话题的研究者。

把这些资料全都添加到你的资料目录中，然后尽可能地找到它们，并对每份新资料都进行一遍上面的操作。重复这个环节,直到你确信自己已经做了充分的搜索,可以开始认真阅读了。你需要从最出名的那些作品开始阅读。在你更仔细地阅读这些作品时,在你发现了与你研究相同难题的资料后,请向自己提出下面这三个问题:

- 这位作者是怎样给我的难题命名的?
- 这位作者是怎么描述那件困扰我的事情的?
- 这位作者显然和我受到相同的困扰,夜不能寐,他是怎样描述这些烦恼的(用的是专业性语言还是知识性语言)?

把这些问题的答案写下来。是的,你需要把所有想法都写下来,因为这是一个珍贵而愉悦的时刻,是你找到了旅伴的时刻。这些作者会帮助你、启发你、认可你、挑战你,还会帮你找到你的声音。

常见错误

·不使用"改动一个变量"这个练习的结果来做关键词搜索。

·忽视你对某份二手资料产生的本能兴趣，只因为它与你的研究案例没有显性的直接联系。

·不把上文那三个问题（二手资料如何描述和定义你的难题）的答案写下来。

·过早地放弃，或是在面对众多二手资料时，没有一一进行资料分析和自我反思的操作。

·只检验那些属于你领域的二手资料，意味着你很可能没有在"改动一个变量"的练习中大幅度地调整过变量。

为你的集群而重写

在找到自己的难题集群之后,你的下一个挑战就是**为集群成员而写**,或者说,是为他们而**重写**。我们鼓励你用上在本书第三章写好的那份研究提案初稿,但你也可以把同样的技巧用在其他任意一篇研究文稿中,比如小论文、摘要、会议论文、期刊论文或基金申请,还可以是一篇演讲或演示文稿。

开启这一过程需要两个步骤:第一,找出谈论自己的难题时使用的领域内的术语(可能是下意识地使用);第二,把这些"行业内部语言"从你对难题的描述中去除,以便领域外的人士也能听懂。

为你的集群重写并不像听起来那么容易。你将面临三个困难。

首先,你的集群成员可能对于你的研究主题了解甚少或一无所知。他们可能不了解你研究的那个时期、你的主题和你的区域。他们可能完全不了解你的领域,也压根不懂该领域的业内术语——我们后面会再讲回这一点。

其次,打动你领域的东西未必能打动你的集群。也许集群成员自己的领域已经回答了这个问题。也许他们对于民主社会的自由度,对于哪种环境问题给地球带来最紧迫的威胁等话题,都有不同的看法。也许学者 X 的研究在你的领域中已催生了上千篇论文,但你的集群却对他知之甚少。或者,出于某些原因,你的集群认为你领域的一些关注点……呃……不是那么值得关注。

最后，你领域内部的难点和禁忌并不影响你的集群。比如，领域内的一个派别声称是自由斗士带来了政权更迭，而另一派则坚称是恐怖分子推翻了政府。再比如，你的领域认为你绝不应该质疑理论 Y 的合理性，或者它习惯用某个特定术语来命名主题 Z，但你的集群并没有这样的限制。你也许稍后还会发现，集群成员有**他们自己的枷锁**。不过，无论如何，你很可能需要用超出你领域的方式来为你的集群写作。

你的集群要求你把难题放在首要和中心的位置。一旦不必考虑自己领域内的烦心事，你就可以始终关注自己试图解决的难题。它会驱动你产出更多的文字，发展出自己的论证结构和措辞。

每个领域都有自己的缩略语或称"黑话"——也就是让外行人畏缩或感到一头雾水的业内术语。你不能用这种语言与集群对话，他们会很难理解你。这也正是难题集群如此重要的原因之一：你不得不走出自己领域的回音室，向外建立联系。

假设有一天你不得不缺席一堂艺术课，于是你让朋友把课堂内容用视频录制下来。不幸的是，你的朋友仅仅录下了音频，而你从音频中听到讲师说：

> 你们可以看到，这幅画左手边的第二个人物正恶狠狠地看着这边的这个人。但是在这里，我们可以看到这个人的表情非常平静。请记下这一点，我们一会儿还会说到。

你一定会感到困惑，这很正常。

对于**房间内**的人来说，一边指点一边解释是很自然也很有效的沟通方式。但是对于**房间外**的人来说，即使他绝顶聪明，也很难完全理解。老师指的是哪一幅画？画的左手边都有谁？第二个人又是谁？"在这里"究竟是哪里？

"边指边说"是我们所有人在**仅**面对领域内人士写作时通常会做出的行为。

思考下面这句话：

> 在 ARVN 和 PAVN 及其盟友内战尚未收场的多年前，VC 已经宣布 PRG 成立。

对于一个研究越南战争的人来说，上面这句话是非常直接明了的。而对于领域之外的人来说，这句话看起来就像一个秘密暗号。它是在隐藏一些东西，而非揭示一些东西。

所以，当你为集群而写作时，请从删去所有缩略语开始：

> 在越南共和国陆军 (Army of the Republic of Vietnam) 和越南人民军 (People's Army of Vietnam) 及其盟友内战尚未收场的多年前，越南共产游击队 (Viet Cong) 已经宣布越南南方共和国临时革命政府 (Provisional Revolutionary Government of the Republic of South Vietnam) 成立。

下面这个例子呈现的是另一种让房间外的人（甚至部分领域内人士）感到困惑的写作方式：

帕克和威廉姆斯的发现反驳了温德尔颇具影响力的假说。

重写这个句子，以便让你的集群成员也能听懂：

在发掘10世纪的挪威坟墓时，不仅发现了座头鲸的骨头，还发现了刀叉，这推翻了一位学者颇有影响力的假说，即维京人只吃虾。

原来**这**才是你想表达的！

在某些语境中，内部语言当然有其价值——甚至是重要价值。专家谈话时，它能减少冗余的内容，加快对话的进展，让他们有更多时间深入探讨某个研究的复杂面。你不会希望看到一个胸外科医生对其他人解释每一个术语。你也不会希望手术室里全是只听得懂外行话的医生。

然而，对于处在研究早期阶段的人来说，内部语言却非常讨厌。急诊室是一个必须快速、高效地做出生死决策的地方，但早期研究则与之不同，**放慢速度并避免内部语言**会更有好处。把专业性语言翻译成外行语言是为集群而写作的必要环节。

原因很简单。正如你知道的，你的集群成员很可能并不来自你的领域或与你没有共同话题。虽然你们拥有同一个驱动研究的潜在难题，但他们不可能知道专属于你领域的那些加密词汇。这里指的不仅是名词，还有一些诸如"介入"和"协商"这样的动词。这些词——尤其是在使用比喻义的时候——会让读者看不懂**究竟发生了什么**以及**到底是如何发生的**。用更完整的表达来替换掉这些术语——给它们添加必要的说明，为你的集群成员提供理解你研究方向所需的基本信息。帮助他们理解你的问题，让他们意识到你是难题集群的一分子。用具体的地点、时期、人名和机构名称来表述你的问题、难题和困扰。

为他们提供必要的语境，他们才能帮你推进你的研究。删去首字母缩略语、单词缩写及各种简称，以便与你的集群成员交流观点。也可以邀请他们对你的假设性想法做压力测试，帮你实现研究上的突破。

试试看
查找并替换所有"内部语言"

——

目标：在你的文章中找出那些只有你的领域内人士才能理解的内容，将它们重写一遍，以便你的集群成员也能看懂。

我们强烈建议你不要在电脑上做这个练习，而是在纸上，找一套高亮的彩笔，最好至少包含五种颜色。这个练习包括两个步骤：

第一步：从集群的视角来阅读你领域内的文稿

把你的研究提案初稿打印一份，然后将每一个你能找到的"内部语言"都用高亮笔标示出来。用不同颜色的高亮笔标示不同类型的内部语言，比如像下面这样：

- **蓝色**。标记每一个仅提到姓氏，或在首次出现时没有做任何简要说明的人名。
- **红色**。标记没有任何定义和解释的业内术语或技术性术语。

- **橙色**。标记所有意义含糊的形容词或副词。
- **绿色**。标记所有提及却没有做简要介绍的事件。
- **黄色**。标记所有缩略语。

当然,你也可以按照自己的方式进行分类。

如果选择在电脑上做这个练习,你可以使用文本高亮工具来给内部语言标上颜色。我们推荐你使用不同颜色,是因为这样能让你的语言模式更加一目了然。("这么多黄色记号,说明我使用了太多缩略语!")但你也可以使用不同字体或其他标记(比如数字、英文字母或符号),或任何适合你的标记代码来做区分。

下页的图示为你提供了一个单色的例子。左边的原始文稿,标记后会变成右边这样。

保持页面整洁并不会得到任何奖励。现在请你开始寻找并尽可能多地标记出这些内部语言,这个练习会让你进一步明了该如何与集群成员进行更有效的沟通。

第二步:重写你的文稿,让它超越你的领域

你已经对自己的文稿做了充分标注,现在可以开始重写你高亮出来的这些部分了。对涉及的每一处内容,做下面这几件事:

第四章　如何找到你的难题集群

未解释的事件

无效的形容词和副词

业内术语

重写之后

重写之前

- **个人**。请提供这个人的全名,最好附上一份简要的生平介绍。
- **机构**。请尽可能具体地描述它。
- **技术性术语**。请把它删去,替换成关于该现象或原则的描述性语言。如果有必要,可以保留原词,但是请附上它的定义。
- **形容词和副词**。找到所有试图秘密"偷渡"进你文稿的评价性语言,比如**传统地**、**正常的**、**显而易见地**、**科学地**、**清楚地**,以及**不合理的**,把它们换成更加具体、开放且透明的词。
- **事件**。简要地解释发生了什么,并提供相关的语境。
- **缩略语**。请删去缩略语,替换成它的全称,或提供简要描述。

请记住,我们的目标不只是**消除含糊性**,我们还要**解释那些需要被解释的东西**。你的投入会得到回报的。

常见错误

·忘记用高亮笔或工具标出意义模糊或仅流行于领域内部的名词、形容词、副词和动词。

·仅使用一种高亮颜色（或仅使用一种字体、一种标记方式与一种特殊的识别记号），而不是使用多种。多种颜色可以帮助你更系统也更精确地识别出内部语言的使用模式。

·把一个领域的内部语言替换成了另一个领域的，而不是使用非专业人士也能理解的语言。

智囊团：我的外行版本是否简单易懂？

现在你已经系统地在你的研究提案中识别出了所有类型的内部语言，并且把它们替换成了一个外行（非专业）读者可以理解的语言。可以邀请一位非专业人士（某个不具备关于你话题的专业知识的人）来阅读这份外行的版本，并让他用高亮笔或工具标出所有他看不懂的部分。你可能会感到吃惊：我们对文稿太熟悉了，很多问题都没能看出来。哪些词和短语让他感到迷惑不解？他能跟上文章的逻辑吗？哪段话让他感到困惑？把这些部分都重写一遍，直到意思变得明朗。你的智囊团可以帮助你把你的难题表述得更加清晰。

欢迎来到你的集群

请注意，我们不把这个团队称作"解决方案集群"，因为难题集群的成员们也许在解决方案的想法上千差万别。贫困的解决方案是什么？理想的学前教育是什么样的？制止恐怖主义的最好方法是什么？解决方案各不相同，但一个以自我为中心的研究者可以轻松应对难题集群中的不同意见。

你可以内心平静地（而不是带着戒备心地）接受一个事实，那就是并非每一个来自你集群的人都和你想法一致。并非所有人都已经是或一定可以成为你的朋友。这其实是一件好事。你并不需要别人来确认你已经存在的想法。你也不需要别人的同情。相反，你需要新视角来为你增添动力。以自我为中心的研究，能够让你秉持开放的心态与批判性的客观，去思考各种可能的解决方案以及找到它们的各种途径。

不要过分纠结于某一个想法。一个难题集群是各种思想的集合体，而思想是变化和流动的。它在不断进化，不断寻找新观点，并对旧观点进行充电和更新。它不是一个让你远离自己领域或寻求认可的避难所。找到难题集群的目的，也不是让你用自己的知识广度或跨学科能力去威吓他人——这种骄傲心理是以自我为中心的研究非常厌恶的。我们的目的是不断探索。你应该时不时地离开（再回到）你的难题集群，时不时地旅行到其他地区、类别和时期。而且要记住，这只是一个开始。你可能会属于不止一个难题集群，你的热忱也许会不断从一个项目转向另一个项目。

第 五 章

如何畅游于
你的领域

HOW TO NAVIGATE
YOUR FIELD

找到你的难题集群是一件困难的事。找到你的领域则比较简单。你的领域会自己找到你。

之所以如此,主要原因是,从最广泛的意义来说,领域通常与话题相关,而你脱离不开这些话题。你的领域会把你拉回话题迷宫。

每个领域都有它们自己的期刊、专业协会、通讯简报,以及无数其他的机构设施,这些吸引了感兴趣的人群。大学的组织架构是院系,其中大多数都以领域来命名,比如化学、经济学、计算机科学、古典学、英语或亚洲研究。人口研究学院或性别研究所算是以集群的形式来组织的,但在大多数机构中,这种组织形式十分罕见。领域与难题集群的动态变化,在现代学术界的知识生活中是一种典型的拉扯关系。

领域区别于难题集群的地方在于,前者是由活动范围或研究目标来界定的,而后者则是由共同议题或关注点来界定的。如果你的项目是布谷鸟钟的历史,鉴于它与黑森林的关系[1],你就

---

[1] 布谷鸟钟产自德国西南部与法国、瑞士交界处著名的黑森林地区,作为当地最负盛名的手工艺术品,是外国人眼中德国的国家标志之一。

顺理成章地成了德国研究领域的一分子，但你的难题集群则可能由研究物质文化或技术史的学者组成。

或者假设你来自艺术史系，你想写一篇关于当代艺术家徐冰[1]的文章。他的成名作《天书》是一件装置艺术品，由刻印着超过4,000个伪汉字的书卷组成。从难题集群的角度来看，你可能发现自己加入了与语言学家、策展人、书法家、平面艺术家、计算机科学家、雕版印刷史学家、研究笔迹文化或"废话体"诗歌的学者的对话。但其中与你在领域上最接近的，可能是研究艺术行为的人，他们的问题可能是"艺术家如何用熟悉的文化形式来挑战人们的美学期待"。

你的难题集群就像你的朋友：你们分享各自的兴趣，在一起共度时光。寻找难题集群也是一个寻找认同的过程。而你的领域更像你的家人：一些资深成员在你之前加入，把你当成他们中的一员。并且，不管你喜欢与否，你都必须与他们住在一起，并花费大量时间彼此陪伴。你在领域中的成员身份并不完全是一种个人选择，因为在某种意义上它是被"指派"给你的。你当然可以退出你的领域，拒绝它的价值观和规范，但人们仍然会注意到你们之间的相似性。

人们往往会从自己的角度来看待家人的身份。有些人从未

---

[1] 1955年出生于重庆，1981年毕业于中央美术学院版画系，并留校任教。1987年获中央美术学院硕士学位。曾于1990年受美国威斯康星大学邀请为荣誉艺术家，移居美国。2008年回国，担任中央美术学院副院长、教授、博士生导师。

意识到家人也可能有其他身份——**其他群体的成员**。孩子不太会意识到自己的父母与其职业之间的关系；他们认为无论父母是去上班，回家陪他们玩耍，还是接他们放学，都是理所应当的事。但实际上，父母的很多或大部分时间可能都用在与孩子无关的事情上。他们出于解决某个问题的目的而参与了文化组织、协会、志愿者组织、倡议团体或其他各种组织，但孩子对父母的目的毫无觉察。直到发现父母在养育我们之余，还花了很多时间在其他事务上时，我们才开始用新的眼光来看待他们，并不禁感叹：他们到底是谁？

所以本章的一个核心问题就是：当你领域的成员面临不同的难题和利益时，你应该如何应对？

为什么领域内的成员不一定为你而写作？你现在明白了，因为他们很可能在为各自的难题集群写作。如果你希望你的领域尽力了解你的情况——了解**你的难题**——那先停下来问问自己：**他们的**问题是什么呢？毕竟，对于机构来说，最要紧的是**领域**。然而，对于领域内的学者来说，最要紧的是**难题**。正是这样的内部矛盾，使得领域成为一个既有活力又让人沮丧的地方。

你的集群帮助你**了解自己**。

你的领域帮助你**超越自己**。

识别领域内的不同难题集群，就能更好地了解领域是如何运作的，了解如何让你的领域为你服务。成为一个领域的成员，不仅是获得会员资格证，成为其价值观和规范的被动传递者。你还有义务帮助这个领域进化。

发掘领域中的难题

领域有其自身的优势。比如领域内的话题是有连续性的，领域拥有各种支持研究和学习的机构和组织，包括各种期刊、会议、协会、资料目录和资助机构。这样的体制结构使查找与某个话题相关的资料资源、事实证据和其他研究人员变得更加容易。领域不断产生和引进知识，建立和完善规范，并通过同行评价对成员的研究成果进行质量管控。难题集群则缺乏这些支持，这也是为什么它们更难以识别和接触。

但领域也有自己的局限，有时会令研究者感觉不便，甚至感到挫败。

领域有规范，于是就有了盲点。被领域普遍接受的观点可能会演变成陈词滥调，阻碍创新。对权威的过度顺从或宣传还可能催生出各种教条。初级研究者可能为了跟风，而下意识地压抑自己的兴趣和想法。

本书的上篇教你成为一个以自我为中心的研究者，让你学会如何战胜或绕过一些常见陷阱。在你处理单个资料或一系列搜索结果时，在你用纸笔记录时，你一次又一次地听到了自己的声音，在感觉到强烈的电流时，做到了坦诚面对。

在这一章里，我们还想带你完成下面一些任务：

- 学会如何高效地畅游于广阔的知识领域，同时保持对你的难题的关注。
- 学会充分利用领域内的资源，尤其是那些同时属于领域与难题集群的内容。

- 在与自己的领域互动时，避开那些概念和方法上的常见陷阱。

其中的一个陷阱，就是认为领域是由一系列更具体也更无关联的子领域或子话题组成的。我们时常发现学生有此类想法：**我只需要把自己的话题"变小"，就能找到我的项目了**。但是，正如我们之前说过的：**你无法靠着"缩小范围"找到一条走出话题迷宫的路径**（如果陷入子话题迷宫就更糟糕了）。

因此，我们建议你不要把领域看成子领域的组合，而要看成难题集群的组合。这样的思考方式可以让你超越某个特定案例的局限，看到研究不同话题的研究者共有的一些难题。你能因此学会利用领域提供的优秀资源，同时避免身陷话题迷宫之中。

有了这样的思想转变，你就能彻底改进自己与领域的关系了。

读懂你领域中的难题：重新构想"文献综述"

让我们先来回顾一个畅游某领域的常见方式——撰写"文献综述"。

所谓"文献综述"，众所周知，是学位论文、学术文章和著作的必要组成部分。它一般位于学术论文或文章的开头，作者会向你解释"我们是如何进展到眼下这个难题的"。（这些文章对"学科状况"的描述都有一个相似的模式，即综合各种观点并分析它们的学术影响力。）通过一篇文献综述，你证明自己阅读了与某话题或难题有关的所有相关研究，以此建立起自己开展该研究的可信度。你追踪知识谱系的脉络，找出各种争议、理论、真相和观点的转变，这些都是读者理解你的研究议题所需的必要信息。但是，做综述不是为了编写一张出版物年表或者清单，你的目的是提出一个论点，证明你的研究延续了先前的那些努力或建立在它们之上，而你现在试图研究该难题的一个新的部分。

在第二章，我们建议你不要用"填补了空白"这样的说法来证明项目的合理性。为什么要避免成为一个空白填补者？毕竟，领域可不是有缺口的大坝，需要把空缺填上才能避免坍塌。领域也不是需要缝补的衣服。它更像聚会上不间断的谈话，只不过你才刚刚加入。如果你只是占了个位子，没人会对你有什么印象。但如果你用一种迷人的方式表达了自己的观点，他们的想法就会随之改变。

文献综述是出了名的无聊的苦力活，不但写起来不轻松，读起来更困难。对你来说，可能难度就更大了。因为你早已读过集群成员的文章，它们与你的核心难题直接相关，让你大受启发，于是当你通读整个领域的文章时，尤其遇到与你的项目关联不强的文章时，你便不再有什么兴趣了。这就像我们报税时的心情——把它当作一种义务，毫无快感。

幸好，有一个简单的办法可以弥补你的心理落差。由于每一个领域成员都来自不同的难题集群，你可以把撰写文献综述当作是在倾听其他集群的声音。你可以了解到其他集群的成员如何运用自己的议题和价值观来探讨你的话题，并思考他们的难题（不是你的）是如何驱动他们获得了这样的成果。

和其他集群互动也能让你更了解自己的价值观。你会懂得尊重其他集群，在别人对相同话题提出不同的问题时，你不会再简单地判定他们是错误的。你会意识到，他们之所以如此，也许只是因为他们有不同的议题，他们是在试图解决一个不一样的难题。

想象这样一个情境：你在参加领域内的一个会议，有一场发言是关于你的研究话题的，但你感觉内容很无聊。

一个想法立刻划过你的脑海：这位同行虽然研究的是我的难题，但他处理得很差劲。

这是一种"自私"的反应，而不是以自我为中心的反应。对于一个以自我为中心的研究者来说，但凡了解难题集群的存在，他做出的反应就会是：这位同行的研究话题似乎与我的相同，但他是从另外一个难题切入的。我很好奇，他的难题是什么？

随之出现了一系列新问题：他们的研究和他们的难题，是否可以帮助我的研究和我的难题——或者反过来，我该如何帮助他们？有什么是他们看到了但我却没看到的吗？

后面这种处理方式有着显而易见的好处：你将能够更好地

驾驭领域和集群之间的分歧，不仅用它生成新的能量，还用它改变你的领域和集群。

这种做法可以让乏味的"文献综述"重获活力。畅游领域时，你需要将一些学者集结在一起。他们中的一些人刚刚踏入这个领域，另一些人则已去世多年。你让他们就一系列问题和关注点进行"对话"，这些发言经过汇总，就形成了关于你的难题的最引人入胜、最重要的研究综述。

在评估这些资料时，你心中应牢记以下几点。这几点也适用于评估你领域和集合内成员的作品：

- **保持质疑**。一篇文章发表在有同行评议的期刊或是著作里，并不意味着它就没有瑕疵。你不应该毫无根据地去否定，但也不能盲目接受专家的观点。
- **保持公正**。准确描述出每一份资料的优点和缺点。
- **关注作者的关注点，而不是你自己的**。当你为一篇特定的文章写评价时，请将注意力放在对作者来说最重要的点上，而不是对你来说最重要的点。换句话说，关注作者试图通过这项研究达到的目的，而不是只查看自己需要的那个部分。批评作者的次要观点是最不公正的事情。

把你的领域想象成一份有待验证、改良、修正、调整与增补的提案，而不是必须服从的戒律。这就是你的切入点。

保持质疑的态度，但要避免由于内心激动而犯了嘲笑权威这一新手常犯的错误。讽刺刊物《洋葱》(The Onion) 以一本虚构的书的书名抓住了这种倾向的精髓：温德尔·斯宾塞（Wendel

Spencer）的《学校并没有毁掉我们的孩子：我们是如何选择一个常见观点并提出反对意见的》(*Schools Are Not Failing Our Children: How We Took a Commonly Held Opinion and Declared the Opposite*)。你的领域不需要装模作样的人。

同样，一个领域也不会（或不应该）容忍对同行进行霸凌或言语上戏谑挖苦的人。请针对观点提出你的意见，重要的是那个观点，而不是提出观点的人。在你评估资料时，请将自己的关注点放在研究上，而不是放在研究者身上。这么做能够去除偏见，也不会让你在必须给出夸赞或批评时内心不安。永远以真诚的态度去呈现别人的观点，这是你的职责。

试试看
创建你自己的"难题书店"
（也就是将你的领域组织成不同的难题集群）
—

目标：在你的领域内，通过把少量二手资料放进"难题专区"，根据难题而不是话题对研究进行分类。

在第四章，我们要求你想象一家书店，里面的书架都是按照作者的难题来命名的，而不是按照每本书的"话题"。于是，店内某个区域的名字不再是比如"哲学"，这一区的排布也不再把所有德国哲学家的书放在一个架子上，所有希腊哲学家的书放在另一个架子上，所有印度哲学家的书放在第三个架子上，诸如此类。"难题书店"的分区会被命名为，比如说，如何验证宗教经文或其他古籍？或者，怎样理解邪恶？又或者，我们如何教导自己和他人守德？

好了，想象到此结束。现在你要做的，就是用你打算阅读的资料，把这个书店变成真实存在的（只不过规模很小）。下面是具体步骤：

1. 选择六到八篇来自你的领域并与你话题相关的

二手资料（论文或书的章节都可以，但不是整本书）。到了研究的这个阶段，你应该已经初步建立了一个关于你话题的资料目录。你的智囊团也很可能给你提过建议。不要因为资料选择而焦虑。只要是严肃的学术作品，只要它们与你的话题"相关"，就可以了。你后面还能不断添加。

2. 按照表9（见第230页）示范的那样，写下你列表中第一个研究所讨论的**话题**。请填入简单的概述，比如"古代希腊哲学"或是"佛学"。越直截了当越好。不需要通读内容，只看论文或章节的简介（甚至标题），你就应该能够辨识出你的话题。

3. 现在写下这项研究关注的特定**案例**。它也许是对日本中世纪宗教建筑的研究，也可能是对古代斯多葛学派哲学思想的某个具体方面的研究。这个任务应该也不难，因为案例往往在文章标题或开头的几页就会出现。

4. 列出这个研究提出的具体问题。这项内容需要更加精准的描述。现在到了你的精读能力发挥作用的时候。和之前对你自己的研究所做的一样——通过头脑风暴，将一些小问题与中等规模的问题汇集在一起，形成一个规模更大的项目——现在你要试着找出你正阅读的资料中的那些小问题和中等规模的问题。幸运的话，文章作者会清晰明确地列出他们的研究问题。但更可能的是，你需要根据作者的阐释和论述来"逆向构想"他们的问题。尽可能寻找更多问题，努力找出**至少**十个。

5. 尝试找出这些问题的**共同模式**。这一部分和你之前练习过的也很像，只不过这一次你关注的是其他人的研究，而非你自己的。把你找出的十几个问题罗列出来，仔细分析，然后问问你自己：如果非让我猜的话，这位作者的关注点或聚焦点是什么呢？是什么驱动了这些问题？你也需要关注作者貌似没有提出的问题——一些在你看来非常明显，但他们的研究却没有回应的问题。所有这些都是"自我反思记录"——还记得自我反思记录吗——只是这一次，"自我"不代表你，而代表**他们**。

6. 试着找出难题。现在，你清点了资料中的问题，也分析了构成问题的模式，你已经做好准备去迎接最难但也回报最大的任务：试着将目光**越过**作者的案例，找出研究背后的深层难题。然后，用尽量概括的语言，把这个难题用一个描述性的句子写下来。我们相信这一步不必多做解释，但还是要注意，别把作者的**案例**与他们的**难题**混为一谈。

7. 对列表中的其他资料，重复步骤 1 到 6 的操作。
8. 在完成所有操作之后，请试着找出能将不同难题串联起来的主题或模式。你识别出的这些各不相同的难题之间是否存在关联？如果没有关联，也不必勉强。如果每个难题都是独一无二的，这也很正常。但如果某些难题存在共同之处，请试着把它们归到同一个集群中。现在请试着给这个更大的难题集群起一个名字（你也许需要调整自己的描述方式，将范围再扩大一些，或描述得更抽象一些）。你最后创建的这些集群——以及你给它们起的名字——都会变成你的难题书店里的不同分区。一旦有了这些分区，你的书店就可以开张了，并且准备好了迎接其他研究者的到来。

表9　将你的领域组织成不同的难题集群

资料	研究标题	话题	案例	难题	难题集群
1					
2					
3					
4					
5					
6					

做这个练习有双重原因。首先，当你学会把领域组织成不同的难题集群时，你也就掌握了高效地畅游于这个领域的能力。同时，你也能很好地理解（并且记住）你读到的这些论点和事实证据。当你找到了激发他人研究的难题时，你不仅会对**如何阅读**那份资料有更清晰的认识（比如分辨出哪些是作者论据的关键部分，哪些只是附注的内容），也会更明了自己应该把读到的这些论点和信息储存在大脑的哪个地方。一个学者的难题就是他的论证架构，也称骨架结构或网格结构。没有架构，即使是最严谨的学术著作，也会让你在阅读时感觉被事实和论点的海浪所淹没。

其次，你会发展出一种神奇的力量，看到其他研究者研究的**真正**内容，从而与其他研究者不仅在研究涉及的区域和时期等要素上产生联系，而且在更深入、更有意义的层面上建立起联系。你会发现，比如两篇同样关于中东王室家族谱系的研究，受到了**完全不同的难题**的驱动。又或者三篇关于里约热内卢同一个贫民窟的社会学研究，也是在不同难题的激发下产生的。与此同时，一个关于里约的研究与一个关于中东王室家族的研究，则可能受到**完全相同的难题**的驱动。**案例和难题不是一回事。**

必须明确一点，你项目涉及的二手资料数目会越来越多，而我们不建议你制作一个容纳一切的目录，或是对领域中的每一项研究都重新做一次全面的整理（因为你不是**真的**在开书店）。不过我们相信这种思维方式已经能把你引向一个更高效（而且老实讲，会更愉悦）的研究过程。简而言之，学会寻找难题，无论是你的难题还是别人的难题，会使你在研究的汪洋中航行得更加轻松。

常见错误

· 根据话题或子话题对资料进行分类,而不是根据难题。

· 根据案例对资料进行分类,而不是根据难题。

试试看
改动他们的变量

—

目标：更好地掌握其他研究者处理话题、难题和案例的方式。使用前文"改动一个变量"的方法来采访一位导师、智囊团成员或是同行，找到他们的研究难题。

在难题和关于难题的案例之间做辨析是一件困难的事。你可能在做前面的练习时已经发现了这一点。你可能还发现了透过案例寻找难题的重要价值，以及通过哪些策略来寻找会更有帮助。

这一节的练习对"改动一个变量"的操作规则做了一些调整。在第四章中，你一次只改动**自己的**研究问题的一个变量，然后观察这样的改动透露出关于难题的什么讯息。这一次，你将向另一位研究者——可以是你的导师、智囊团成员或同行——发出邀请，让他们和你一起大声地完成这个练习，以便你更好地了解他们的话题、案例和难题。

如果这个人也属于你的领域，那就太好了，因为你将学到话题、难题、案例三者的关系对其他类似的研究有何影响。但这不是你的必选任务。这个练习的重点是让你在自身之外的学术世界里寻找驱动他人研究的难题。这个过程会给你带来很多力量，增强你与同行研究者之间的联系。

下面是具体的做法：

1. 复习"改动一个变量"（以下简称"改变量"）的具体步骤。距离上次你做这个练习已经过了很久，不妨重读第四章的相应部分。

2. 把"改变量"练习介绍给你选中的受访者，但不要事先透露他们将扮演什么角色。你可以向他们介绍"改变量"的目标和流程，或是让他们自己阅读本书的介绍。同时记得向他们说明，你已经做过这个练习，现在希望用它来对他们做一个采访。除了了解研究状况，你也想锻炼自己对别人研究的话题、案例、难题的辨析能力。向他们保证对话是完全保密的，你的笔记只供自己查看。

3. 准备好开始一场非正式的、非评判性的对话吧。你要做的就是倾听。可以问一些有助于厘清信息的问题，并且把要点记录下来。你在做自我反思记录这件事上已经非常有经验了。现在你是一个速记员，负责记录别人的自我反思。别忘了带上纸和笔，并按照第186页的清单来记录被替换的变量，以及受访者对于每一次改动有何反应。

4. 向你的受访者提问，让他们说出自己的话题，再让他们说出一个包含了所有变量，并能最好地概括核心难题的问句。例如：

- 你在研究什么？这是在问话题。（请注意：如果他们的回答是"我研究很多东西"，请让他们从中选出一个有代表性的作为开场。）

- 如果你必须把自己的研究内容概括成一个问句，这句话会是什么？（请注意：如果他们说出了一个**非问句**，比如"我研究贫穷的问题"，那么请翻到第66页，查看提问的注意事项。告诉他们，这个练习需要提出一个真正的问句。有必要的话，可以从"改变量"练习中给他们提供一个例子，或者要求他们从自己的研究中找出一个问句。）

5. 记录他们如何描述自己的话题和完整的研究问题。这一步不要着急，可以把你记录下来的句子念给他们听，询问他们你的记录是否完整。提醒他们，游戏规则要求句子必须尽可能地完整，必须包含所有相关的变量。这个句子不需要多么有文采。

6. 一旦他们肯定了句子的完整性，**你**就可以开始改动句中的变量了。记得一次只改动一个，并且把结果写下来。这个变量的改动是否影响了你的心电图结果，即你的兴奋程度？如果非让你猜的话，会是什么原因？这是整个练习的关键之处，会占用最多时间，而且——为了让它发挥作用——你不能让任何细节躲过你雷达的搜索。再说一次，不要做个人评判。但如果听到下面这些内容，那你可以打断说话人，礼貌地要求他再解释一遍：

- 抽象的、高阶的、理论化的或是含糊的语言（你提到了概念X，就你的案例来说，它具体指什么？）

- 业内术语、内部语言或缩略语（我没听懂那个术语，有没有更普通的表述方式？）

当你询问为什么改动的变量让他们变得更兴奋/不兴奋时，他们使用了新的词汇来解释。**千万不要忽略这些词！**把它们念出来。在这种时刻，由于必须对自己的选择做出解释，他们会感受到压力，这可能会让他们在下意识中获得顿悟。同样是在这种时刻，专心的倾听者能够成为研究者最好的帮手。你现在成了智囊团。把他们的解释复述给他们听，并让他们做出更加精准的描述。(你刚才提到了一个研究问题中没有的词。这会是你的研究的重要变量吗？如果是，你会如何重新描述自己的研究问题？)

7. 当你感觉受访者对于变量的反应让你逐步看清了他的难题时，请开始下一步。把你的想法与他们分享，并让他们推测，引发不同兴奋度的那个难题是什么。(这就是你对变量改动做出的反应。你认为这几个变量可以改动，也就是说你对改动后的案例也感兴趣；而这些变量你认为不能改动，意味着它们处于你议题的核心位置。如果必须做个推测的话，你认为这个项目的潜在难题是什么？)

8. 希望你们的谈话是一次有洞见性的愉快经历。无论何时都要记得感谢你的受访者。

常见错误

·犯了第四章"改变量"练习列出的所有错误,包括变量的改动太小,对项目的基本面没有什么影响。

·在采访之前没有向受访者解释"改变量"练习的目标和流程。

·出于害羞或是敬畏,没有提出后续问题或要求受访者做进一步解释。

·没有把过程记录下来。

在采访结束之后,你需要做一个清点。你感觉怎么样?你们俩的"改变量"采访还顺利吗?过程比你想象的难还是简单?你是否留意到了受访者无意中说出的新变量?你是否在整个过程中做到了不评判?你想把练习再做一遍吗,和他们一起,还是和另外一些人?

你一定对受访者有了更多了解。你甚至帮助他们对他们自己有了更多了解。虽然问题很有挑战性,但你温和、真诚而持久的探询,很可能已经帮助他们成了以自我为中心的研究者。你也许已经愉快地发现,做学生最好的办法其实是尝试做一名教师或导师。这是超越自己的最佳方式——习惯性地帮助其他研究者更专注于他们自己的难题。

刚刚的这个练习让你有了很大的思想飞跃。你学会了区分领域内的特定**案例**（具备领域独特性，有可能使用业内术语）与普遍性**难题**。难题跨越了整个领域的疆土，并延伸至其他领域。这种思想改变把你从"领域等同于话题迷宫"的狭隘观点中解救了出来，让你不再错误地认为所有讨论相同话题的研究都一定彼此相关。你现在掌握了技巧，懂得如何确定领域内成员真正关心的事，并能够找出研究中没有被明确表述出来的难题(当然了，也有一些缺少难题的研究依然深陷于话题迷宫中，但你也可以让它们变得有用)。你更好地理解了，是什么难题驱动了你的智囊团或其他你信任的学者。而且，你现在知道了自己的研究探索为什么不需要——也不应该——仅仅停留在"话题"阶段。

越过当前研究的边界，你获得了畅游于领域之海的技巧，它让你对领域内的难题集群的关注点有了更敏锐的觉察力。除此之外，你还获得了更多的技巧，不仅能辨明领域内的哪些部分对自己最有帮助，还能同时专注于自己的研究。

这个过程不是一劳永逸的，因为你的领域不是静态的。它不断增加或减少成员。新的出版物不断涌现。只要你愿意寻找，你会不断发现自己没见过的早期研究。

现在，既然你已经用难题集群对自己的领域做了分类，你需要学习的是如何与领域内的成员进行对话。

试试看
为你的领域而重写

—

目标：通过你的难题集群，学习用你的领域能理解的方式来重写你的难题，并以"领域的眼光"来评估你的难题。

在第四章，你为你的难题集群写作。你必须删去所有内部语言（业内术语）和秘密代码，这些用语也许很容易被领域内人士理解，但唯有重新表述才能让集群中的成员也理解。

现在是时候换一波读者了。面向他们再重写一次，但这一次你有了新的目标。我们之前说过，你领域内的成员大多来自不同的难题集群，他们对你的难题可能不感兴趣。你为什么要为他们而写？换句话说，用领域的眼光来看待你的难题，这么做有意义吗？

在不得不把项目解释给一个不在乎你的难题（或者你认为他不在乎）的人听时，你也许会收获意想不到的效果。当然了，你也许能让他们认识到你的难题的重要性，因为人不是静止的，是可以被论点和证据说服的，你可以借此获得一个盟友。另外，领域内的集群成员有可能是通过你的研究才彼此相识。再者，就算他们最后没有加入你的集群，你也可以帮他们加深问题的深度，以便在其他方面做出探索。无论哪种情况，你都改变了你的领域。

我们的目标是确保你所写的能让大家读懂。通读你那份研究提案初稿，用高亮笔标出所有领域内成员不理解或不熟悉的术语。它们可能包含以下几类：

· 概念和理论

· 难题集群中的关键学者

· 难题集群成员之间的重要争议和论点

· 人名

· 机构和组织的名字

· 标题

· 缩略语

· 时期划分

· 话题

把你（与其他学者）的兴趣点用高亮笔标注出来，就像你为集群修改内部语言时做的那样。

为你的领域重写会给你带来一些个人收益。在本书第一章中我们提到过，在研究早期阶段，无聊可以成为一位优秀的老师，并举例说明了它会如何帮助你描述并概念化自己的兴趣点。我们还让你不加评判地坦诚面对你的无聊。比如，当你描述自己对 X 话题的兴趣时，如果发现与它相关的某些要素（A、B、C、D）让你感觉极度无聊，不要评判你自己。不要强迫自己对这些要素产生兴趣，即使它们看起来非常重要。

无聊再次登场。只不过它帮你的方式会与上一次不同。当你为领域（而不是集群）修改文稿时，你是冒着风险的。文章可能会失去一些原本吸引人的特色，它与核心问题或难题的逻辑关系也不再明显。这一次你与无聊的碰撞，不再像上次那样会帮你厘清思路并找到真正的难题。这次碰撞的结果是生成了一系列你早已熟知的话题和问题，只不过你会痛心地发现自己的文章变得非常乏味。

然而，这是一个必不可少的过程，原因有两个：

1. **真诚参与的读者才能成为优秀的研究者**。认真而诚恳地接触这些领域和问题，便是以认真和尊重的态度把领域内好友当作**集群成员**来对待，而不仅是当作私人好友。你的领域成员可能并不认为你的项目在这些方面很"无聊",因为这可能正是他们选择你的研究、来听你的发言或愿意参与你的工作的原因。他们认为这些难题让人困扰、引人关注,并且值得长期(甚至整个职业生涯的)投入。你可以想象,如果你认为这些方面无趣或不值得思考,会是对他们不小的侮辱。在一些人看来,你这是把一个让他们彻夜难眠的难题蔑视成了无关紧要的问题,而这个难题,对某些人来说,正是促使他们走上研究之路的最初动力。这是非常深切的私人感受。所以,用真诚的态度接触这些问题,就是你以自己的方式,承认和尊重与你领域相同但所属的难题集群完全不同的人。

2. **真诚参与可以引导你发现和接纳新的研究难题。** 我们鼓励你接触各类研究,是因为这有助于你的知识增长和个人成长。有时候(虽然并非总是如此),认真地思考貌似无聊的问题会以不易觉察的方式改变你和你的视角。有时候,你甚至能从集群的视角去看待他们眼中的核心难题。更妙的是,当你试图把这些难题"翻译"成自己的语言时,你可能突然灵光一闪,发现某一处的措辞或表达让你不安。你这才意识到，一直以来，"无聊"的并不是难题本身，而是它的表达方式对你来说难以理解。现在你终于理解了它，不禁兴奋得睡不着觉。

请记住：如果你研究提案的初稿，甚至第五、第六稿都还是向内思考的，这很正常，也无疑是件好事。重点在于，后续的每一次修改都应该逐步向外，逐步打开，对外行的读者开放，并邀请他们走进你的难题，然后让你的难题成为他们的难题。用**他们**能理解的语言来描述令你困惑的问题，并通过展示你的困惑，最终让他们也感到困惑。你的研究肯定有自己的论点，但你要为读者提供足够的信息，让他们也能理解你的论点。

智囊团：在你的领域里寻找智囊团

领域内的智囊团能够为你正在进行的项目带来新的视角。可以考虑接触你所在机构之外的某些人。他们不是你的老板，也与你的研究成果没有利益关系。他们应该足够专业，并且充满善意。他们可以帮你判断观点的表述方式是否能让同行看懂。他们可以帮你找到你不曾留意的资料。他们可以帮你预测，哪些关于原始资料（也就是你的麦片盒）的问题已经被领域内的其他学者回答过了。向他们展示你的研究提案，并征求他们的反馈，无论是文字还是口头反馈。然后（你一定猜到了），要记得说声谢谢。

欢迎来到你的领域

成为一个领域的成员是有回报的。你会发现,身处领域中的研究人员,和集群成员一样,都会发展出某种**团队精神**。好奇心、不懈的努力和包容慷慨的态度,驱动着领域内的成员不断创造和迸发灵感。领域内的不同集群之间会产生分歧,但这是一种充满了创造力的分歧,也正是领域的优势之一。别人的困惑可能激发了你的困惑,让你的研究突然之间升级到了新的维度,而你看自己的领域时,也好似突然拥有了立体视角。

你依然有个难题。请始终记住,无论你的项目最终规模会有多大,你的问题、野心和才华都不必受它所限。事实上,你的问题越是精彩绝妙,越能引起共鸣,就越有可能以你意想不到的方式超越项目的限制。

第六章

如何开始

HOW TO BEGIN

第六章　如何开始

现在，你就快要走到本书的终点了。有没有感觉到一丝轻松？这根本不像旅行，因为你一直不间断地进行着各种自我反思。这是一项艰苦的工作，它终于快结束了。

花点时间回顾自己到目前为止所做的工作。你有意识地拥有了一个难题，并让它成了一个项目的开端。你懂得如何寻找资料，如何提出非常优秀的研究问题。你懂得如何在参与不同研究社群的同时专注于自己的难题。你找到了自己的难题集群。你学会了在领域内畅游。你为自己的集群与领域重写了研究提案。

你还需要做什么？

写作。

更具体地说，是从**你建立的那个自我中心**开始写。不是狭隘概念上的"自我"，而是你在本书中一直不断发展和寻找的那个广义的"自我"。

既然你已经找到了自己的中心，现在是时候带着这个中心意识去重新写作了。

请记住，你的"中心"不是一个军事基地或堡垒，它不必防御外部世界并隐藏内部想法。它也不是地图上的某一点。你作为研究者的"中心"是指重力的中心，它让你在任何时候，在不断前进和做出重大改变的时候，都能稳稳地站立。以自我为中心指的是舒适地做自己。你会在研究旅程中始终带着这份沉着镇定。你也许会时不时地迷路，失去平衡，或丧失自我意识，但只要你把难题放在研究的中心位置，你就总能一次次地回到你的中心。

找到你的中心能给你增添力量。以自我为中心，指的不是拥有研究兴趣，或是你本人十分有趣。它指的是你有足够的自信去分辨研究过程中的各种选择，并恰当地安排自己的时间。而且，你能深刻地认识到哪些事情是真正值得做的。无论你是有一个当月必须完成的研究，还是有一个在未来值得投入整个职业生涯的研究，你都需要在各种有前景的想法和令人兴奋的选项中做出选择。它们当中的一些与你的核心难题直接相关，但大多数不直接相关。你提出的这个或那个想法也许会受到别人的夸奖，但作为一个以自我为中心的研究者，你懂得用自我提问来作为回应：*是的，这个问题很有趣，但它是我的难题吗？* 有了中心后，当你面对那些一闪而过的念头、转瞬即逝的想法，以及很容易让无中心的自我被不自觉吸引的事情时，你就能够说一句："不了，谢谢。"无中心的研究者会被每一个涌现出来的好想法所吸引，而有中心的研究者懂得做出分辨。

所以，回到我们之前说的，既然你已经完成了这么多了不起的任务，找到了自己的中心，那么，你将从本书获得的最后一个体验便是**从中心开始写作**。

别担心，一切都是写作

最后这条指令——"是时候开始写作了"——听起来真叫人扫兴。你刚才的那一点释然立刻变成了焦虑，甚至恐惧。我们都知道，写作是"困难的部分"。而且，本书没有按部就班地引导你一步步地写出传统论文应有的各个部分。你甚至都还没写出论文的绪论，更不用说结语了。你没有一个打磨过的篇章。你还没有脚注。你什么都没有！我做了一整本书的练习，但我还有整篇论文的写作任务要去完成？

好吧，你猜怎么样？**你其实一直都在写。**

让我们来清点一下你迄今为止已完成的写作任务。如果你花了时间来完成书中的所有或大部分练习，这意味着，到此刻为止，你的笔记本或电脑硬盘里应该存有以下内容：

- 一个基于你的话题且让你感兴趣的搜索结果列表，以及你感兴趣的原因。
- 一个基于同样话题，但让你感觉无聊的搜索结果列表，以及你感觉无聊的原因。
- 一个由某一份原始资料所激发的事实性"小问题"的列表。
- 一个能使每一个小问题成立的假设性推断的列表（也就是这些问题的"基石"）。

- 一个基于原始资料的搜索结果列表（用上述"小问题"中的术语来搜索）。
- 一张（类似"麦片盒挑战"的）工作表，包含了基于原始资料的多种类型的问题，以及你接下来计划查找的原始资料。
- 一份来自你的集群与领域的参考书目或二手资料目录。
- 一次向外拓展的头脑风暴，对理想的原始资料（包括其使用方式与所含信息）进行假设性构想。
- 一个决策矩阵，帮助你规划出一个适合你个性的项目，以及该项目所包含的各项决定性要素。
- 一份研究提案的初稿，充斥着人名、缩略语、业内术语及其他只有领域内成员才能看懂的内部语言。
- 一份打印出来的研究提案，上面用高亮笔标出了所有类型的内部语言。
- 一份用外行语言修改过的研究提案，能让难题集群的成员看懂。
- 一张"改动一个变量"练习的表格，包含一个改进过的研究问题，以及练习时所使用的"可替换变量 vs 不可协商变量"清单。
- 一张"前后章"练习的表格，思考了如何把你的案例放进一个关于你难题的更大的叙事中。
- 一份你与一位智囊团成员之间就"改动一个变量"练习所做的采访笔记。

- 一份你在项目概念化的不同阶段从智囊团那里获取的建议清单。

另外，你很可能在浏览原始资料与二手资料的过程中，完成了下面列出的一个或几个任务——**这些全部都是不同形式的写作**：

- 头脑风暴
- 概述
- 写邮件
- 在书籍和文章中加下划线、用高亮笔做记号以及添加旁注
- 在餐巾纸、外卖菜单和地铁时刻表上涂写
- 发文字信息
- 在社交媒体上发帖
- 撰写博客文章
- 罗列待办事项
- 使用音频记录

以上这些都是写作。**所有都是**。

你已经开启了用写作来精炼和巩固想法的过程。你根据自己在本书上篇所做的自我反思写出了一份研究提案。你为了接触到研究相同难题的更广泛的社群，为你的难题集群重写了这份提案。你还为你的领域再次重写了它，并把你的领域组织成了不同的难题集群，以解释你的项目可能会如何影响他人。简而言之，尽管理论上你还处于起步阶段，但你已多次重新描述

过你的项目了。

等一等，你说。

这都不是真正的写作！至多算是"记笔记""写日记"，或者"预写作"。我写下的基本都是片段化的文字和数不清的各种问题。也许抄录了一些引文，记录了一些新的事实和资料，还拟出了一份粗糙的研究提案，但我的确还没有开始撰写论文。

你已经不仅仅是"开始"了。你已经为研究的下一个阶段做好了准备。下一个阶段需要由你来开启——以及再下一个阶段，与下下下一个阶段。

所以开始吧！

把片段化的笔记改写成完整的句子和段落。

把摘录的引文加入你的工作文档中，并写下它们对你的难题发挥了什么作用。

查看你到目前为止写下的自我反思记录，从中找出那些触及了潜在难题且表述精彩的片段。把它们添加到你的研究提案与工作文档中。

选中你复制粘贴过来的（很早之前吸引你注意的）资料引用信息，把它们扩展为正式的脚注与参考文献中的条目。

这些步骤都是创造性研究的一部分。研究论文、学术文章和著作都是由这样的材料组成的。笼统地讲，一部电影就是镜头的拍摄与剪辑；一幅油画就是把许多色彩斑斓的笔触添加到一个平面上；一本书就是文字、句子、段落、注释和图表的集合。请确保你会持续往自己的文字集合中添加更清晰、有趣、严谨且优雅的文字，以及有实证依据的信息。你要记住，**如果你的目标是"写作"，那么每一个把笔放到纸上，或手指触到键盘的动作都是这个过程的一部分。**

写作并非一个纯粹的、庄重的行为，它是混乱的、零散的。

因此，我们想请你浏览一下自己目前写出的东西，并感谢自己整个过程中一直在写。虽然你可能还没有写出条理清晰、有文采的段落，但你创造了非常宝贵的原材料。在你筛选文稿内容时，你会选择丢弃什么、留下什么。你会完善留下的大部分内容，并将它们重新表述一遍。你会将片段化信息发展成语言精练、结构良好的段落。

所以，当我们说现在是时候"写作"了，我们真正的意思是，你可以把所有已经产出的文字都汇总到一处，然后开始筛查、选择、调整结构并阐释说明。

试试看
创建"第0稿"

——

目标：把你迄今为止在以自我为中心的研究过程中写出的所有类型的文稿都汇总到一个文档中。

创建你的"第0稿"。"第0稿"不是需要你写出很多新想法的"第一稿"(或"初稿")。"第0稿"只需要你把所有文稿都汇集在一起，放入一个专门的电子文档中。

下面是你的检查清单：

- **电子笔记**。如果你一直使用笔记本电脑、手机、平板电脑来记笔记，你也许会把它们以各种形式保存在各种类型的文件中，并存放于各处。现在你需要把这些内容全部复制粘贴到这个统一的第0稿中。这也包括了你在第三章写的那份研究提案初稿，以及你为自己的集群和领域所重写的那两个版本。不用发愁该把它们粘贴到什么位置，随便把它们丢在一个地方。在这个时候，结构不重要。

第六章 如何开始

- **手写笔记**。如果你一直把笔记写在活页纸、笔记本或餐巾纸上,请把它们的**每一个字**都转录到第 0 稿中。要抑制住重新编写的冲动。
- **下划线、高亮标记与旁注**。回到你的原始资料和二手资料,找到你以任何形式做出标记的那些内容。把这些文字都摘录进你的电子文档中。请确保你也转录了完整的书目信息,以便能够识别出这些内容分别来自哪份资料。

在把这些内容转存入第 0 稿的同时,请你完成下面几件事:

- **(仅在不影响进展的情况下)整理文稿**。在转录片段笔记或想法时,你可能会发现自己不自觉地开始修改原始电子笔记中的错字,或试图将片段笔记扩展为完整的句子。如果你可以在不拖慢总体进度的情况下完成此操作,那么请随意,**但你其实不必这样做**。稍后你会有充足的时间来完成这项工作。如果你发现自己因为重新措辞、审稿、扩充内容、延展思路和完善草稿等操作而影响了进程,请提醒自己,第 0 稿的目的只是进行无意识的、机械的汇总工作。仅此而已。只需要把你的文稿以相同的格式存放在同一个地方。

- **记录下你的"自我反思"**。虽然上面提到了"不必修改原则",但有一种情况是例外的:在转录和汇总的过程中,你要保持专注,并且保持与自己的"协调"。因为你还连着那台心电图机。在重新查看早期文稿时,请继续使用自我反思的技巧。在汇总笔记时,注意是否有任何新想法和新问题产生,如果有,请把它们**直接**写进第 0 稿。这不会拖慢你的进度。这个步骤**永远**值得你花时间。

在这个过程结束后,你会拥有一个包含了数千字的文档。里面的内容是随意的,语法不太严谨,内容不连贯,也没有良好的结构。到处是空白页面和没有根据的推测。

就让它保持这样的状态。

这还不是最终成品。事实上,你应该尽可能地让它保持凌乱和不连贯,因为这会帮你一次性战胜写作过程中的两个强敌:**对他人评价的恐惧和对空白页面的恐惧。**

通过整合最为凌乱的第 0 稿,你可以克服自己对尴尬的恐惧,对于写作中出现不连贯、不正确或不成熟的东西的恐惧。通过创建这个你能想象到的最尴尬、最不连贯的文档,你以一种奇异的方式克服了这种恐惧。然后你发现,世界并不会因此终结。

而且,你根本没有时间去产生对空白页的恐惧,因为你不会给它存在的机会。就在你通过复制和粘贴文本把页面的空白处逐渐填满时,当初那个质疑你的文字是否配得上标价的本子已经不存在了。文本就算不够连贯,也好歹是文本。第 0 稿帮助你克服了页面焦虑。"如果我不害怕,我会做什么?"第 0 稿为你回答了这个问题。它治愈不了所有的写作恐惧和拖延习惯,但它至少保护你不再受那个最强的恐惧的侵扰。尽管第 0 稿非常凌乱,它却包含了以下这些内容:

· 重要证据
· 丰富的原始资料和二手资料
· 你在原始资料和二手资料中找到的引文
· 关键人物
· 与你的研究相关的重要问题

尽管杂乱无序,但它也有那么几个精彩之处——也许还不止几个。

厘清你的初衷：创建第一稿

创建好这个容纳了你所有早期文字的汇总文档后，下一步的关键就是如何从第 0 稿迈向第一稿。这个过程包括了整理、分类、文字加工、分区、起标题，以及其他编辑形式。在这个过程中，请记住经过时间检验的这一点智慧：**最好的文章和书不是写出来的，而是重写出来的。**

有时候，写作是用来表达早已存在的想法——那些连贯的、随时准备说出口的观点。但大多数时候并非如此。写作的本质是一种疏远、异化和探索的行为，是一个将你的想法以文学性的手法向外呈现的过程。你把大脑和身体里的东西转变为某种陌生而新鲜的东西，以便你用全新的眼光来审视它、改进它。"把它放到纸面上"，意思是把你内部的某个东西摆到面前，让大脑做一次批判性思考。你看不到自己的双眼，因为它们是你用来观看的工具。你只有把它们摆在面前，才能看到。同样，你无法思考自己的大脑，因为它是你用来思考的工具。你需要把它摆到面前，与它保持距离，才能审视它。然后，你将它再次内化吸收，接着再让它远离，再一次，又一次。这听起来是个极具哲学性的操作，但其实这就是你能不断写出第二稿、第三稿和第四稿的关键。

这就是写作的**真正运作**方式。

这就是写作的**真正作用**。

作为一个以自我为中心的研究者,你已准备好成为自己的写作拍档。你可以像给别人轻松提出建议一样,也给自己提出明智的建议。你可以像轻松发现同事、同学和朋友含糊的措辞之下所隐藏的论点那样,为自己的每一稿作品做同样的事。

这不是一件简单的或自然而然发生的事。它需要你下苦功夫,不断反复且严谨地自我反思。现在你对自己的研究对象已经很熟悉了,更重要的是,你对**思考**它的方式也已经了然于心。你目前的挑战是找到两者之间是否存在任何不协调的地方,如果存在,你要决定该怎么修改。

做此类决定的关键正是我们一直强调的,**在你重读、修改并扩大项目规模的同时,必须密切关注你自己的反应**。

你可以从逐字逐句地大声朗读出自己的文稿开始。读的同时可以用上你从本书学到的自我反思的技巧。**一边朗读自己的作品,一边注意观察你自己**。你是否觉得无聊?是否有些迷失感?把这些感受都记下来。读到某一处时,你是否愉快地大笑?也把它记下来。你在读这个句子或那个段落时,是否产生了自己下一步该写什么或该搜寻什么的想法?把它记录在那个地方。作者(比如你)在写出了论据支撑的那个论点时,是否感到非常满足?你是否因为自己颇费了一番口舌之后才终于讲到重点而感到不满甚至有些愤怒(即便你终于还是讲到了)?某一段话是否在新观点的跳转上太过频繁,或者在抵达论点之前没有做好铺垫?

阅读的时候一定要关注你的实际感受。像一位普通读者在阅读文章或书籍时会做的那样：偶尔休息一下。读到一半做个暂停，去查收邮件，给自己倒杯咖啡或茶，然后再回来，从上次的暂停处接着往下读。你能做到再次投入进去吗？文章的思路是否清晰？语言怎么样？简单来说，就是试着从第三方读者的角度去体验你自己的作品，看看它能带给你什么样的阅读体验。

试试看
从0到1

―

目标：通过对第0稿的汇总文字进行初步的整理、分类和编辑，创建出你的第一稿——一份有着基础架构的文档。

以下几个步骤将帮助你完成这一过程。

1. **把明显属于同一类的内容合并起来**。比如你摘录的三则引文都出自同一作者，但因为你摘录的时间不同，所以这三段话分散在第0稿的不同地方。把它们剪切并粘贴到文档的同一处。同样，也许你就某个特定人物、事件和观点所做的笔记也分散在第0稿的各处，请把它们都整合到一起。稍后你会明白这样做的好处。即便三则引文在你的终稿中会被安排在不同地方，但就目前而言，把相似的东西合并在一起绝对是正确的做法。

2. **把所有参考资料条目都放到文档的末尾处**。这是最简单的"合并同类项"操作。它包括对笔记中的书目信息进行搜索和剪切，并粘贴在文档的末尾处（它们也会出现在终稿的这个位置，即所谓"参考文献"部分）。把它们都整理到同一个地方，也会让之后添加必要的文内引用、脚注和尾注时更方便。

3. **试着把有可能同属一类的信息合并到一起。**你也许注意到笔记的不同部分之间存在联系，但不是很明显或很直接。假设有三个片段似乎围绕着同一个主题，而你打算把它们用作支撑研究的架构性内容，比如作为文章的一节，或是学位论文的一章，那你不妨把它们通过剪切和粘贴合并到文档的同一处，看看会有什么效果。合并后是否连贯、吸引人？如果是，那你可以尝试对它们进行拓展。它们之间的关联是否显得牵强？如果是，也许可以尝试换一种归类法，或者暂时先搁置它们，等你有了更明确的想法或读过更多资料后再回来处理。

4. **对文档中的不同语段做重新排序时，把注意力放在"自我反思记录"上。**在你探索笔记的潜在归类方式时，你可能发现它正逐渐形成某种初步的架构。文稿不再是完全分散和随机的。它正开始逐步成形。在你深入这个环节时，不要忽视了自我反思记录。认真倾听自己在这个过程中产生的新想法、新问题、新表达和新观点，确保将它们都写入你的第一稿。思考**哪些内容**是最有信服力的。你可以把它们放在促生了这个想法的语段附近；如果你发现很难将它们定位在某处，那么只需要把它们统一放在第一稿的开头或结尾就可以了。把那里当作一个万能的"杂物盒"，稍后再来考虑如何处理这些观点。

5. **有可能的话，对这些语段做一个粗略的排序。** 如果文档的某些部分看起来凌乱无序，请给它们重新排序。假设刚才三段来自同一作者的引文都写于 20 世纪 20 年代，而你随后发现排在它们前面的是另外一组 20 世纪 60 年代的引文，在这种情况下，只要调换一下顺序就好了。你也可以等到后面再来排序，但目前这个阶段，把一切都按照时间顺序排列，总是不会错的。同样，如果你发现有三个语段讨论的是同一个主题，试着把它们归入同一个分区，看看会有什么效果。也许这三个语段之间的"顺序"或者"序列"并不明显，那就先随意放着吧。不要强行归类：如果一个或多个语段并不包含任何属于某个区域的相关要素，就先不要动它们。

6. **给文档的各个分区添加标题**。还记得我们建议你在拍摄纪录片的第一个镜头之前先给它起个片名吗？其实，这种构想性的操作一直**延续在**研究过程中。它不仅适用于一个正在进展的研究，也适用于研究内部的各个部分。所以，一旦你完成了大部分任务，不但把碎片化的文本分成了语段，还把这些语段都归入了不同分区，你就可以迈向下一步，给这些分区命名了。这么做不但可以帮你更高效地处理文稿，还能帮你组织想法。

7. **发展你自己的写作风格**。你使用的动词是精准的还是宽泛的？你的词汇是多变的还是重复的？你的论点是清晰的还是含糊的？你是否依赖一套变化不大的短语、陈旧的词汇和修辞法来进行观点之间的过渡？可以从第一稿开始思考自己的"作者声音"。请注意，我们使用的比喻性语言有时会让我们无意识地表达某种立场。比如历史学家经常（甚至过度）使用生物学相关的隐喻，诸如"成长""进化""起源"等。初级研究者由于试图模仿领域中的权威，很快便习得了此类表达，而那些经验丰富的研究者也会不加鉴别地使用这些词。你要明白的重要一点是，这些词并非完全"中立"。它们会以某种意味深远（或潜意识）的方式改变你的想法、你的研究过程和结果。检查一下，你是否也不加鉴别地使用了这么一套词汇，如果有，请重新措辞。

8. **继续删除缩略语**。你已经为自己的集群与领域多次重写了研究提案，但是加强语言准确性与清晰度的工作还远远没有结束。第一次删除后，文稿中多少还留下了一些业内术语。而且，每一次写作，我们都太容易陷入语言的陷阱，使用模糊了主题和目的的词汇。所以在重写的过程中，你要警惕内部语言。

9. **增加脚注、尾注和其他必要的引用说明**。请开始系统性地追踪资料和信息的来源。如果打算直接使用摘录出来的引文，请立即添加脚注，并附上完整的资料信息。选择一个资料信息格式，在整篇文章中都使用它，保证一致性。如果在结束漫长的研究旅程后，你还不得不花费数小时或数天的时间来整理混乱不一的注释，那简直再糟糕不过了。

不完美，才美

我们有时会对著作、音乐、图像和艺术品所呈现的"完美性"大加赞赏。但事实是，如果万事都完美了，也就超级无聊了。因为"完美"的事物并不需要我们。如果连强大的显微镜也无法在它光滑的表面上找到任何缺陷，毋庸置疑，它也不会给我们留下任何进入它的"途径"。除了它珍贵的自我，其他东西都是多余的。

研究和写作也是同样的道理。如果你的作品在完成时是"完美"的，它也就不会给我们留下任何评价的空间了。无须添加，无须减少，无须纠结，无须思考。它不需要他人的参与。你的作品将是密不透风的，无须批评和改进，**也无须任何观点**。这真的是你想看到的吗？

如果你曾有幸遇到一件艺术品、一项学术研究，或是某个作品，让你惊叹于它的完美度，你可能已经有所觉察："完美"的东西之所以完美，靠的不是它的创造者，而是作为读者、观赏者和听众的**我们**。

因此，**研究的目的不是制造一件珍贵的艺术品，以供他人欣赏。它是要创造一个持续的、不断更新的改善过程——让事物得到提升，变得完美。**

项目有时以精美的面貌出现在我们面前，有时却漏洞百出。你可以想象一块海绵。在接触其他东西之前，它的身上布满了孔洞；而等它与世界接触后，那些孔洞便将被它自身以外的东西所填满。

项目不可能是完美的。但是一个项目也许可以被构建成海绵的样子——在提出与回答有限的几个具体问题后，给项目内部留下足够的空间，让**观众**能用他们自己的材料（他们的问题、难题和案例）来填充。让其他人来帮你完善它吧。给他们留一个入口。

你可能终于明白了，以自我为中心的研究把那么多重心放在向内反思上，就是为了创造条件，促生"这种完美"。这也是为什么我们一开始会说，你才是那个写完这本书的人。你是让它变得完美的人。

智囊团：和自己对谈

你现在已经足够以自我为中心了（你知道这是个褒义词），所以你可以做自己的智囊团。你已经从这本书里获得了不少建议。希望你也找过智囊团，并从他们那里获得了外部意见。现在让我们评估一下，在以自我为中心的研究中，哪个部分对你最有帮助。

这不是说你现在不需要外部意见。相反，你应该一直保持着与难题集群的接触，也与你的领域密不可分。

拿出你的笔记，再把本书的目录浏览一遍。把笔记和目录并排放在一起，思考一下，在以自我为中心的研究过程中，哪个环节目前对你最有用，哪些环节则会在将来发挥作用？

你可以思考下面这些问题：
- 我想把哪些练习再做一遍？
- 我想把哪些练习修改一下，以便更适应我的需求？
- 我认为哪些练习需要改进？
- 哪些练习让我感觉无聊？为什么？

- 我想和哪些人分享哪些信息？这些练习可以帮助到什么样的人？
- 关于我和领域内/集群内成员的关系问题，哪些意见让我最受用？
- 我打算首先扩充或修改哪些笔记？

欢迎来到以自我为中心的研究

经历了这个以自我为中心的研究过程后，你改变了自己。你不再是那个以为自己只需要"更多技能和更多资料"的人了。没错，你有了新的技能。没错，你有了一个文档，包含了所有你写的东西。没错，你已经做好了一个项目的起步准备。但重要的是，作为一个以自我为中心的研究者，你有了**新的心态**。研究社群中的许多成员都曾被误解、恐惧、压抑和不安束缚过，有些人一开始就被它们吓退了，不敢成为一名研究者。而你的心态可以把你解救出来。你以自我为中心，是一个自由的主体。与来自不同领域的其他研究人员交流时，你可以自信、敏锐并从容。你既不会因为他们的成就而感到恐惧，也不会因为自我提升是段永无休止的旅程就望而却步。

恭喜你拥有了一种精彩的生活方式。

研究之旅的下一站在哪里？

WHAT'S NEXT IN YOUR RESEARCH JOURNEY?

通过阅读本书，你对研究是什么以及如何做研究有了新的认识。希望我们也已经成功地说服了你，把研究变为一种习惯，把它当作生活的常态。你应该已经开启自己的新项目了。但我们希望你的目光不局限于眼前的项目，希望你能想象一下，如何将本书中的原则和策略运用到其他的难题上。

你的前方是什么？是再选一门领域内的课？还是成为一名专业的研究者？有很多选择和机会，都能让你从事研究工作。

请注意，我们没有说必须是**学术**研究。可以是任何类型的研究。研究者的人生是丰富的、有回报的，也是批判性的——他们拥有一种不满足于被动接受既定常识的心态。研究心态指的不仅仅是喜欢质疑。毕竟，本能的怀疑与本能的信任一样不可靠。一个研究者不仅要善于质疑，**还要**敢于接受挑战，把质疑转变为具体问题，再寻找问题的答案。研究者随时准备着对他人的论点进行压力测试和评估，不是因为他们已经记录下了所有事实，而是因为他们了解论点是如何生成的——更进一步地说，他们知道研究问题是如何被提出和打磨的。

试试看
寻找新难题，开启新项目
—

目标：开始筹划你未来的研究生涯。思考还有哪些难题对你有意义，想象一下，你该如何把它们变成研究项目。

当你找到了中心，你就获得了超能力：你有能力辨别，究竟是你的难题在变化，还是你脑中的新难题在逐渐成形。到目前为止，我们提供的所有例子和练习都建立在"一个人，一个难题"的假设之上。为了讨论方便，我们假装每一个研究者都只有一个难题在激发他创作。而且，我们还把难题当作数学常数：一个独立变量，不会随着时间而变化。

当然，这里面有某些部分是对的，因为难题确实可以持续多年，有的甚至持续几十年，但这不意味着难题从不改变，也不意味着一个研究者就不可能同时处理多个难题（不过，我们之前建议过，如果你清点出了几十个难题，那么你找到的可能是"兴趣"或"好奇"，而不是本书中所指的那个"难题"。如果这种情况真的发生了,你也许需要重温第二章,会对你有帮助的)。

难题会因为人的改变而改变。随着你年龄渐长,你的难题也会改变。它可能完全消失,也可能依然持续,但对你而言,它失去了一部分吸引力。出于一些说不清的原因,曾经让我们着迷的难题可能随着时间推移慢慢变得不重要了。而一个或几个新的难题,却在逐渐成形:它们形成了持续的新的干扰,使你夜不能寐,一天又一天,一年又一年。重申一次:我们所说的"难题",是能激发研究的创造性的。我们所说的"干扰",虽然是针对个人的,但仍然可以用批判的、独立的眼光来分析和评估。

一个长期难题的消失,一个新难题的形成,也许都像海底的地壳运动一样不易察觉。但作为一个以自我为中心的研究者,你应该比大多数人更快地辨识出这微妙的变化。因为你已经调整好自己,能发现从前的你不可能注意到的变化。

因此,考虑到目前种种,你可以开始寻找自己的第二个难题,并开启一个**新项目**了。

这个建议也许听起来很离谱,尤其此刻你的第一个项目才刚刚起步。但如果要建立一个项目资源库,现在开始并不算早。当然，你还会继续目前的项目。只不过，如果你想在 1 号项目的施工过程中稍事休息呢？或者等 1 号项目结束后，你还想做些什么？这些问题都需要你提早开始规划。

正如我们在本书导读中提过的，研究不是一个线性的过程。这么说的意思是，同时处理多个想法和项目是有可能的，甚至是最理想的做法。如果 1 号项目让你筋疲力尽，或是本周它让你提不起热情，该怎么办？也许你可以把目光转向 2 号项目。你可能会在另一个难题的解决上获得很大进展，却感觉像是在休息。

并且，同一个难题会（也常常）在不止一个项目里现身。你会发现 2 号项目与你的核心难题存在联系——也许明显，也许不明显。同时处理几个项目（也不要太多！）会让你从不同角度来俯瞰你的难题，就像几台摄像机虽然安装在不同位置，却瞄准了同一个目标。

最后，请记住，本书中的练习都是可重复的，并且可以被用来开启新项目，从你的第一个一直用到第十五个。连我们自己都在用它。无论你是一名本科生还是一位退休教授，是一个新手记者还是一位普利策奖获得者，研究的初始阶段总是充满了变化，常常让人困惑，却也有各种可能性。利用好这个特点。

常见错误

· 认为研究是一个线性的过程,或者认为你必须先完成 1 号项目,才能开启 2 号项目。
· 把许多不同领域的兴趣错当成不同的难题。
· 试图一次性处理太多项目。

试试看
帮助别人

—

目标：使用以自我为中心的研究思想、技巧和练习来帮助其他研究者找到他们的中心。

超越自我，和成为以自我为中心的研究者一样，不是你该怎么想的问题，而是你该如何做的问题，而且是一次又一次地做。

随着你越来越熟悉以自我为中心的研究流程，你懂得必须设计和持续完善自己的问题，而不是一劳永逸地找到答案。你磨炼了自己的能力，学会了分析、欣赏和提升你自己的研究与其他人的研究。

想象一个充满了以自我为中心的研究者的世界……不，别光想象，让我们把它变成现实吧。

你已经做好了准备。你获得了专注于研究的多种技巧。你亲身体会到了在做出研究决策时拥有多功能工具包的重要性。如果觉得自己还没有掌握某种技术，你可以把练习再做一遍。你有能力根据他人的需求去提供相应的反馈，包括对你的朋友、同事、学生甚至导师。

不要预设他们都有过你这样的经历。即使他们是能力很强、颇有成就的人，甚至是著名学者，也不要预设他们已经找到了自己的中心。我们都在寻找自己的中心。即使一位学者**已经**找到了他的中心，也请记住：这个中心会在他职业生涯或者人生的进程中发生改变，而我们都需要在生命的某个阶段重新定位我们的中心。

你可以让另一个研究者的人生变得不同。你需要做的就是把本书中列出的流程传授给他。当你阅读他们的作品，或是倾听他们的解释时，问问你自己：

- 他们是否犯了那个"试图让自己听起来很聪明"的常见错误？
- 他们是否用行业术语和华丽的辞藻隐藏了自己的难题，并试图寻找"资料中的空白"？
- 他们表达研究关注点的方式，是否能打动作为第三方听众的你？如果你不关心他们的案例，是否能完全理解他们的难题？
- 他们是否知道自己的难题集群是什么人？在哪里？
- 他们是否把最重要和最关键的观点随意地藏在文章各处？

在你阅读他们的研究提案、摘要和大纲时，你是否得到了有效的引导？还是感觉自己迷失在了大量数据和术语之中？你能顺利地理解他们的难题吗？你是否因为内部语言、未说明的人物和事件，以及未解释的缩略语而感到理解起来困难重重？

随着分析自己的能力不断提高，你在帮助他人时也会越来越轻松。

总之，你已经准备好成为其他人的智囊团了。我们认为你可以做到。

如果你还不确定该如何帮助他人，下面有一些现成的办法：

- **找到写作拍档或成立写作小组**。成员们将为彼此的研究提供真诚的建议。组织起一个自己的写作小组吧！
- **稿件审核**。这是针对未发表的研究成果进行的保密审核。这类稿件需要面对特定的读者群体：期刊或出版社的编辑，因为他们可以决定是否出版某个作品。他们的目的是为一个进展中的研究提供建设性意见，并评价它是否达到出版标准。
- **书评**。这是针对已发表的研究成果进行的公开评价，由指定的审稿人署名。这类文章会指出一个特定的研究成果有哪些优缺点，以及对其所属领域是否做出了贡献。

- **学科发展综述**。这类文章指出某领域的当前发展趋势，对一些学术作品进行总结，赞扬它们在提出问题和解决问题方面的贡献。这类文章的首要目的是提供概念和思想方面的综合性评价，而不是针对某个具体研究的评价。
- **会议或小组演示**。根据不同学科领域的要求，这类演示涉及的研究可以是正在进行的，也可以是已经完结的。通常来说，研究者会总结他们的研究成果，然后由一位与会嘉宾（或评审）对其内容做出评价，在场观众也会提出自己的观点或感兴趣的问题。
- 还有更多方法，请至 whereresearchbegins.com 网站查看。

你可以通过参与以上活动来为他人研究的进展做出贡献。帮助你领域的成员。帮助你难题集群的成员。

成为**我们的**智囊团吧。

请与我们联系。你可以通过分享你的经验和看法来帮助我们。以自我为中心的研究对你来说效果如何？你是否成功地调整了做练习的方式？我们欢迎你提出建议，帮助我们改进。就像我们一直强调的，研究是一个合作及不断重复的过程。这本书仅仅象征着你迈向研究社群的一小步。

希望你和我们一样，能在研究的道路上一直走下去。

致谢　　ACKNOWLEDGMENTS

写这本书花了十八年的时间。

我们在这段时间里欠下了数不清的债,如果把它们一一列出,恐怕占用的页面比你目前读到的还要多。简而言之,我们希望首先感谢家人,尤其是琪亚拉(Chiara)和王明珠(Julie);感谢各位远远近近的同事们,特别是中文简体版译者叶塑;感谢芝加哥大学出版社了不起的团队,尤其要谢谢凯伦(Karen);作为朋友与合著者,我们也应该感谢彼此!

我们将这本书献给我们的学生,不光是就读于斯坦福大学和英属哥伦比亚大学的学生,还包括哥伦比亚大学的学生。正是在哥伦比亚大学,我们以同学的身份相遇,又一起以教师的身份走进了课堂。

我们想说的还不止这些。我们希望,《研究的方法》这本书可以让你——和我们——在研究的思考、表达、教学和实践各个方面都翻开一个新的篇章。

我们希望你能够加入我们的行列。事实上,通过阅读这本书,你已经做到了。

为此,谢谢你。

延伸阅读　　FURTHER READING

以下精选出的书目和文章无论在研究理念还是方法上都对我们很有帮助。另外，你还可以在 whereresearchbegins.com 网站上找到更多标有推荐词的著作和文章。

- Booth, Wayne C., Gregory G. Colomb, Joseph M. Williams, Joseph Bizup, and William T. FitzGerald. *The Craft of Research*. 4th ed. Chicago: University of Chicago Press, 2016.
- Caro, Robert A. *Working: Researching, Interviewing, Writing*. New York: Knopf, 2019.
- Eco, Umberto. *How to Write a Thesis*. Translated by Caterina Mongiat Farina and Geoff Farina. Foreword by Francesco Erspamer. Cambridge, MA: MIT Press, 2015.
- Gerard, Philip. *The Art of Creative Research: A Field Guide for Writers*. Chicago: University of Chicago Press, 2017.
- Graff, Gerald, and Cathy Birkenstein. *They Say/I Say: The Moves That Matter in Academic Writing*. New York: W.W. Norton, 2018.